経営者のためのサイバーセキュリティ講義

サステナブル サイバーセキュリティ

著 楢原盛史
監修 タニウム合同会社

はじめに

　近年、生産システムを停止に追い込むようなサイバー攻撃が一層進捗し、攻撃者が「システムを復活したければ金を払え」という脅迫も頻繁に発生し、深刻度が増大しています。また情報漏えいで、多額の賠償金を顧客に支払うケースもこの10年で数えきれないほど発生しています。

　本書は、わかりそうでわかりづらいサイバーセキュリティについて、専門用語や技術用語を極力使わず、図表を用いながら、サイバー事故が発生する要因や原因を解明したいと思います。そして主要な国防機関や政府関連機関、先進的なグローバル組織とともに歩んできた経験をもとに、「経営者に理解できるサイバーセキュリティ」、「サステナブル（持続可能な）サイバーセキュリティ」を説明していきます。

　企業経営者向けに行われたサイバーセキュリティ研修やワークショップの内容をまとめたもので、実際の講義をもとにして順を追って説明しています。言葉遣いや説明も細かい傾向がありますが、読みやすいように工夫しているので、リラックスして読み進めてください。

　読了後、サイバー攻撃を未然に防止し、発生したリスクを最小化するうえでの原理・原則の理解を深化できることを、また経営陣がサイバーセキュリティの重要性を把握して、正しくセキュリティ投資の意思決定を判断することを願ってやみません。

タニウム合同会社
Chief IT Architect CISSP、CISA
楢原 盛史

CONTENTS

はじめに 3

第 1 章　サイバーセキュリティの真価と経営視点 10

1-1 サステナブルなサイバーセキュリティ　10

1-2 なぜサイバーセキュリティが必須なのか　11

1-3 守るべき情報資産とは　13

第 2 章　経営とITのギャップを埋める戦略 16

2-1 経営陣とIT部門の期待値の乖離　16

2-2 IT部門の抱える課題と負のスパイラル　17

2-3 投資制限下でのIT部門の苦悩　18

第 3 章　経営陣とIT部門の「プロトコル」 20

3-1 経営陣との認識の差　20

3-2 コミュニケーション「プロトコル」の重要性　21

3-3 経営陣とIT部門の「プロトコル」の違い　23

3-4 経営陣が求める上申書の作成ポイント　24

第 4 章　組織シニシズムと経路依存性からの脱却 26

4-1 組織シニシズムとITイノベーション　26

4-2 組織シニシズムの原因分析　27

4-3 組織シニシズムの原因は経路依存性　27

第5章 サイバー攻撃のプロセスについて 30

5-1 サイバー攻撃の基礎知識 30

5-2 戦争とサイバー空間 30

5-3 サイバー空間における匿名性の欠如 31

5-4 サイバー攻撃のビジネスインパクト 33

5-5 ESG投資とサイバーセキュリティ 34

5-6 CIAモデルからAICモデルへ 36

5-7 サイバーセキュリティ対策の必須ステップ 41

第6章 グローバルなサイバーセキュリティ対策動向 44

6-1 新法令と罰則のグローバル動向 44

6-2 法令遵守の組織的課題 46

6-3 経営陣の責任と認識 46

6-4 横断的なタスクフォースの必要性 47

6-5 望まれる陣頭指揮 48

6-6 ITインフラとしてのサイバーセキュリティ 48

第7章 ビジネスインパクトについて 50

7-1 サイバー事故の具体的影響 50

7-2 ランサムウェア感染と事業停止リスク 51

7-3 サイバー攻撃と自然災害との比較 51

7-4 リスク評価マトリクスと経営陣のリスク対応 52

CONTENTS

第8章　サイバー防御プロセスについて 54

8-1 サイバー防御プロセスの全容把握　54

第9章　グローバル組織のベストプラクティスに学ぶ 70

9-1 グローバル組織のサイバーセキュリティ　70

9-2 ベストプラクティスの積極的活用　71

9-3「科学と理論」に基づく教科書　72

9-4 教科書的アプローチの重要性　72

9-5 NIST CSFという教科書　73

9-6 CDM（継続的なリスクの診断と緩和策）　75

9-7 NIST CSFを用いたセキュリティ実態分析　76

9-8 脆弱性の管理基準、管理項目　78

9-9 検知・対応・復旧のエンドポイント対策　78

9-10 日本企業における運用の困難性　79

9-11 サイバーハイジーンの特定・防御領域　80

9-12 NIST CSF活用を失敗させないために　81

9-13 教科書とセキュリティ部門の心理　82

9-14 セキュリティ部門への望ましい伝達　82

9-15「動的な運用」によるコスト効果とリスク抑制　83

第10章　サプライチェーンリスクを考察する 86

10-1 サプライチェーン攻撃の現状と課題　86

10-2 IT管理プラットフォームの脆弱性　87

10-3 サプライチェーンリスクを削減するために　87

10-4 サプライチェーンの構成要素　88

10-5 サイバー攻撃とアタックサーフェス　89

10-6 アタックサーフェスとSBOM脆弱性　89

10-7 リスクがないことの証明と報告期限　90

10-8 セキュリティ・クリアランスとは？　91

10-9 セキュリティ・クリアランスの国際的調和　91

10-10 IT資産管理の動的対応と経済安全保障　92

第11章　サイバーセキュリティのKPIとKRI　94

11-1 サイバーセキュリティにおけるKPI　94

11-2 サイバーセキュリティ KPIとIT-BCP　95

11-3 KPIの設定と業務の実際　95

11-4 サイバーセキュリティ KPIへの理解　97

第12章　ITイノベーションに向けたITインフラ　100

12-1 脱オンプレミス戦略の実践と課題　100

12-2 グローバル企業のハイブリッドインフラ　101

12-3 立ちはだかるツール、運用組織のサイロ化　101

12-4 エンドポイント領域の課題と戦略　102

12-5 エンドポイント管理の重要性と戦略　103

12-6 脱オンプレミスの究極目的とITイノベーション　104

CONTENTS

第13章 グローバルITガバナンス実現のTo-Be 106

13-1 グローバルITガバナンスの実現戦略 106

13-2 ガバナンス強化におけるベストプラクティス 106

13-3 本社集中統制の戦略的進行 108

13-4 監査方法の課題と改善案 110

13-5 統合ガバナンス監査プラットフォーム 111

第14章 タニウム（Tanium）というソリューション 114

14-1 グローバルITガバナンスのソリューション 114

14-2 タニウム創業とイノベーション 114

14-3 可視化スピードの追求の意義 116

14-4 Taniumの大規模組織採用が急増進 117

14-5 Tanium導入は動的な管理の評価 118

14-6 エンドポイント管理の新標準としてのTanium 119

第15章 サステナブルなサイバーセキュリティに向けて 138

おわりに 142

編集・デザイン・装丁：Little Wing

第1章

サイバーセキュリティの
真価と経営視点

1-1 サステナブルなサイバーセキュリティ

　近年、サイバー攻撃の脅威は日々進化し、AIを活用した高度な攻撃も現実のものとなっています。加えて、IT人材の枯渇やサプライチェーンを含むセキュリティ被害の拡大など、企業・組織におけるサイバーセキュリティの課題は複雑化の一途をたどっています。こうした状況下で、事業継続を可能にするサステナブル（継続可能）なサイバーセキュリティの実現は、経営陣にとって喫緊の課題といえるでしょう。

　従来のセキュリティ対策は、重大なITセキュリティ事故の発生を受けて、場当たり的に対応するものが主流でした。多くの企業が情報セキュリティマネジメント（ISMS）認証を取得することで、基本的な対策は十分と認識していたのですが、サイバー犯罪の高度化とAIの活用により、事後対処的なアプローチでは、もはや組織を守ることは困難な状況です。従来のセキュリティ対策のように、一過性では追いつかなくなっているのです。また、情報セキュリティをIT部門だけの仕事と捉える認識も、大きな問題です。情報がビジネスの根幹を支える経

営資源となっている現在、情報資産を守ることは経営者の重要な役割の一つと言えます。

こうした背景を踏まえ、本書では「サステナブル（継続可能）なサイバーセキュリティ」という考え方を提唱します。サステナブルなサイバーセキュリティとは、単なる事後対処ではなく、事業戦略の一環として継続的に取り組むサイバーセキュリティのことを指します。IT部門に一任することなく、経営者がリーダーシップを発揮し、経営と現場が共通の意識のもと、戦略的にサイバーセキュリティに取り組むことが求められるのです。

サステナブルなサイバーセキュリティの実現は、一朝一夕に成し遂げられるものではありません。本書では、経営層が理解しておくべきサイバーセキュリティの考え方として、脆弱性管理の徹底、先進技術の活用、人材育成、サプライチェーンセキュリティ、インシデント対応力の強化などを解説していきます。

1-2 なぜサイバーセキュリティが必須なのか

なぜサイバーセキュリティ対策が必要なのでしょうか？ セキュリティに詳しい方は、情報セキュリティこそが重要ではないのかという疑問も抱かれると思います。

筆者は大規模組織の多くと、サイバーセキュリティ対策を検討する中で、大半の組織は情報セキュリティに長年取り組まれており、ISO/IEC27001に代表されるような情報セキュリティマネジメント（ISMS）の認証を取得済みであり、毎年の監査も受けていて、基本的な対応は完了していると認識しています。

情報セキュリティが万全になってきているのに、サイバー攻撃（外部犯行）や内部犯行による情報漏えい、事業停止（システム停止）といったサイバー関連の事案は増加の一途をたどり、その原因と対策に向けた議論が近年、活発になっています。

　本書では、国内外の大規模組織が長きにわたって取り組んでいる「情報セキュリティ」ではなく、今まさに、必死に取り組んでいる「サイバー」に軸足をおいた「サイバーセキュリティ」に焦点を当てて説明をしていきます。ここで、「サイバー」とは、日々のセキュリティ対策の高度化に向け、日々の「セキュリティ運用」にフォーカスを当てた活動全般を指します。

　経営の目線から見て、「守るべきもの」とは何でしょうか？ 経営陣の視座で守るべきものは、組織そのものであり、組織に関連するステークホルダーの利益や権利、そして最近は環境を守るといったSDGsなどの観点も含まれるでしょう。しかしこれらの守るべきものは近年、すべて「IT」の中（上）に存在しているイメージになると考えます。製造業であれば車や家電製品を開発製造し、ユーザーに提供することで利益を生みますが、これは「IT」の力がなければ生まれません。すべての生産システムはITによって管理されています。権利については、最近グローバルでフォーカスが当たっている従業員、また顧客のデータやプライバシーそのものですが、これらの情報もすべて「IT」によって管理されています。キリがありませんが、経営陣の視座からみた「守るべきもの」はすべてITによって支えられているというのが事実です。このITとはデジタルネットワーク技術であり「サイバー」そのものです。そこでサイバーセキュリティへの取り組みが重要になります。サイバーセキュリティは情報セキュリティと綿密に関連しているので、

第1章　サイバーセキュリティの真価と経営視点

両方とも重要です。

　利益や権利、環境を守る上でIT（サイバー）領域における「守るべきもの」とは何でしょうか？

1-3 守るべき情報資産とは

　企業・組織として守らなければならない最大のものとは、情報資産です。情報資産はデータやプライバシーそのものであり、組織にとって命といえるものです（図1-1）。

　最近はデータドリブン経営やデジタルツインなどの戦略を掲げる企業・組織が多くありますが、これらの経営を支える最小単位が情報資産になるわけです。情報資産を具体的に分解すると、個人情報を筆頭に、営業情報や開発情報、顧客情報などが挙げられます。この情報資産も重要度によって機密情報レベルに区分けされます。したがって「守るべきもの」の最たるものは「情報資産」なのです。もし「情報資産は守らなくてもよい」という判断があれば、それはステークホルダーの権利や利益、環境を守らないということを宣言しているのと同義になります。それであれば情報セキュリティもサイバーセキュリティも対策をする必要がなくなりますが、そのような意思決定をする経営陣は皆無だと信じています。情報資産を守り続けることは組織を継続させる重要性であるといえます。

　守るべき情報資産ですが、活用してこそ意味を持ちます。そのため情報資産を安全で有効に活用することが求められます。それがサイバーセキュリティであり情報セキュリティの役割なのです。具体的には、情報資産の有効活用において、アクセスする人の権限を常に識別し、

13

図 1-1　守るべき情報資産

第1章　サイバーセキュリティの真価と経営視点

アクセスに使用されるIT資産（PCやサイバー、モバイルデバイス）を特定し、それらに対して、犯罪者が悪用する弱点（脆弱性）を継続的に排除することが、サイバーセキュリティの根幹になります。また、サイバーセキュリティの高度化が経営陣に求められるのは、情報資産を守るだけでなく、グローバルサプライチェーンの中で生き残るために、サイバーセキュリティ対策に関連した諸外国のガイドラインや法令、指令への対応が「通行証」になるからです。今後の経営にとって、避けては通れない重要な事項であると強く認識すべきと考えます。

　IT部門やセキュリティ部門から、サイバーセキュリティに関連した相談や上申がある場合、「セキュリティはコストだ！」とか「ROIを示せ！」などと頭ごなしに突き返さないようにお願いします。昨今の地政学的緊張に伴い発生するさまざまなリスク、あるいは地震や火災、コロナのような大規模感染症が蔓延した時、皆さまは「対策費用はコストだ！」とか「ROIを示せ」と言うことはないはずです。なぜ、サイバーセキュリティだけ目の敵にしてしまうのでしょうか。それは良くも悪くも「サイバー」領域のリスクが目で見えたり、肌で感じたりすることができない災害だからです。IT部門やセキュリティ部門の取り組みは、意識の有無にかかわらず、ステークホルダーの利益や権利、そして環境を守ることに直結しているのです。経営陣は、それを念頭に置いて、彼らの言葉に耳を傾けてほしいと思います。

　先日、大規模セキュリティ攻撃の事案を経験した大手メディア企業のCEOは最終報告会で、「天に向かって吐いたツバが自分に降りかかってきた」と語っていました。これはまさに本章で伝えたかったことを表現しています。

第2章

経営とITのギャップを
埋める戦略

2-1 経営陣とIT部門の期待値の乖離

　長年、セキュリティコンサルティングやアドバイザー業務に携わると、さまざまな業種業態のユーザーとつき合うことになります。この10年を振り返ると、業種業態にかかわらず、各組織の規模別に経営陣の期待値に対する現場が抱える課題やフラストレーション、すなわち「期待値に対するギャップ」に共通項があることがわかってきました。

　経営層を対象とした「サイバーセキュリティに関する期待を挙げてください」というようなワークショップを実施すると、次のような回答が戻ってきます。

「絶対事故を起こすな」
「監督官庁に見劣り感を持たせない」
「同業他社と同じレベルを保て」
「積極的な投資はNG」

第2章　経営とITのギャップを埋める戦略

　経営陣のメッセージはシンプルです。近年発生したサイバー事案で、事案内容が深刻な場合、経営陣が謝罪会見を開く必要があったり、減給処分になったり、更迭されたりするというケースが日本国内でも頻繁に出てきました。こうした事態を回避したいため「絶対」というキーワードを乱発するのではないでしょうか。経営陣も、世の中に「"絶対"は存在しない」ことは重々承知しているはずですが、こうしたキーワードが現場のIT部門を相当に苦しめていることも確かなことと思います。

2-2 IT部門の抱える課題と負のスパイラル

　これらの期待値に対して、IT部門は次のような現状に直面しています。
「パッチ適用で優秀なエンジニアの工数を50％以上拘束している」
「人材確保は予算があっても、適材人材そのものがマーケットにいない」「本社だけだったのに、最近のサプライチェーン攻撃の深刻さで、グループ会社や海外法人まで監督範囲になった」・・・・

　人材が不足し、投資も限定的で、導入しているツールも十分に機能しないといった課題が累積し、結果的に「臭いもの（脆弱性）には蓋をする」状態が常態化してしまうのです。

　経営陣が「絶対」と言うほど、IT部門にはプレッシャーがかかります。切実な課題が山積しているにもかかわらず、その実態を上司へ上申できない「負のスパイラル」が発生しています。最も危険な状態は「臭いものには蓋をする」ことで、サイバーの世界では「臭いもの＝脆弱性」と定義され、自然に解消することなく、ひたすら累積し続けます。しかも、脆弱性は古ければ古いほど、犯罪者から見て格好のサイバー

17

攻撃のターゲットとなります。実際にサイバー事案を経験した企業・組織は、対応してこなかった脆弱性を悪用されたという多くの事実がこれを証明しています。教科書通りのサイバー攻撃が成立してしまうのです。

2-3 投資制限下でのIT部門の苦悩

　経営視点におけるセキュリティへの期待値と現場の実態が乖離することは、大規模組織では珍しくはなく、ごく一般的な問題です。経営側からは次のような期待（指示）が提示されます。

「絶対に事故は起こすな」
「積極的なセキュリティ投資はNG」
「TCO削減とROI向上を説明せよ」
「うちは大丈夫か？ 即答せよ」

　一方で、現場は運用業務に膨大な作業時間がかかっていること、導入ツールが機能的であるにもかかわらず使い回せていないこと、導入ツール乱立によるサイロ化の発生、経営側にチームの努力が認められないことなどの嘆き（苦痛）を抱えています。

　IT部門がこうした苦しみを相談できずにいる実態を、経営陣が理解するだけでも、現場は救われるでしょう。特に、最も危険な「臭いもの（＝脆弱性）に蓋をする」状態は、即刻回避すべき課題であることを改めて強調したいと思います。

　以前筆者が支援した大手流通業のCISOが出した方針が印象的でした。それは、「臭いもの（脆弱性）は蓋をするのではなく、徹底的に突き止めて除去しよう！」というものです。サイバー攻撃による大規模なシ

第 2 章　経営とITのギャップを埋める戦略

ステム停止を経験したことから、この企業では、攻撃の温床となる脆
弱性を徹底的に排除することが、最優先で取り組むべきセキュリティ
施策であると大号令が出ることになりました。その結果、サイバー攻
撃を受けても実際に事案化しない（マルウェア感染や不正アクセスが
成立しない）環境を作り上げることに成功したのです。（第9章で説明）

第 **3** 章

経営陣とIT部門の「プロトコル」

3-1 経営陣との認識の差

　先日、ある大手化学業界のIT管理者との会話で、「経営陣（取締役・経営層）は"サイバーセキュリティが重要だ！"と社内はもちろん、対外的にも統合報告書などで重要性を公言しているが、いざ強化に向けた施策を上申すると、2回に1回は却下される」と伺いました。IT（セキュリティ）管理者であれば、一度は経験したことがあるでしょう。このパターンが繰り返されると、経営陣はどんどんセキュリティ対策に関心を持たなくなり、IT部門からは、口ばかりで結果的に現場を何も理解していない、と親子喧嘩のような負のスパイラルが発生します。家族のように相互の確固たる絆があればよいですが、投資の決裁権限を持つなど、経営陣はIT部門とは階層も裁量も全く異なるため、事態は深刻度を増してしまいます。この現象には根本的な要因が存在しています。それは経営陣とIT部門で利用している言葉、すなわちコミュニケーションの「プロトコル」が根本的にズレているという点です。

第３章　経営陣とIT部門の「プロトコル」

3-2 コミュニケーション「プロトコル」の重要性

　ここでいう「プロトコル」とは、通常のIT用語で使われる通信規約という意味ではなく、経営陣とIT部門の間で、円滑にコミュニケーションを取るための「共通言語」や「理解の枠組み」を指しています。

　経営陣は一般社員には想像もできないほどの業務を日々遂行しています。膨大な業務＝タスクがあるので、すべてのタスクを深く理解することは、時間的にも労力的にも厳しいものがあります。まして、海のものとも山のものともわからないようなサイバーセキュリティとなると、その重要性は理解しつつも、敬遠しがちで、実態として内容を理解することはかなりハードルが高いのが実情です。（弊社が支援している企業経営者の中には、自らサイバー攻撃を分析されるような強者も存在しますが…）

　経営陣が関心を示さない代表的なキーワードとしては、IT部門が日々扱っている、「インシデント検知」、「リスク分析」、「脆弱性情報」、「技術関連情報（特にカタカナ系）」などが挙げられます。経営陣から見ると、サイバーセキュリティ施策への投資は数ある投資の一つに過ぎません。そのため、ここでサイバーセキュリティの専門用語を乱発すると、そのような上申書を見たくない、あるいは承認したくないというモチベーションになってしまいがちです。（図3-1）

　では、サイバーセキュリティを主語とした経営陣とIT部門のコミュニケーションを円滑にする「プロトコル」とは、どんなものなのでしょうか？

21

取締役・経営層が関心のないこと

・インシデントの検知、防御数
・脆弱性件数
・攻撃手法の詳細
・個々のセキュリティ対策の詳細
・サイバーセキュリティ単体のリスク分析
・技術用語

ギャップ

取締役・経営層のビジネス視点

・財務インパクト
・経営戦略との整合性
・ブランド、顧客満足度
・ベンチマーク、対策の網羅性
・経営全般のリスク
・コンプライアンス（法令遵守）
・ガバナンス（企業統治）

図3-1　経営陣のプロトコル

第3章 経営陣とIT部門の「プロトコル」

3-3 経営陣とIT部門の「プロトコル」の違い

　IT部門は、経営陣との認識の差を理解しておくことが重要です。筆者の経験上、経営方針としてサイバーセキュリティ対策の重要性を明示的に示唆している組織の場合、経営陣はその重要性を他社よりも重視しているので、プライドを持ってその施策の重要性を理解しています。しかし、多忙な経営陣にとって、上申書がいちいち現場にこと細かく内容を確認しないとわからないような内容であれば、フラストレーションが溜まり、結果的に後回しになってしまいます。

　そのため、上申書は経営陣が即断できるような「プロトコル」を用いて作成することが重要です。具体的には、以下のような点を明確に示す必要があります。

1. 今回施策を実施しなかった場合の定量化されたビジネスインパクト（特に財務インパクト）
2. 経営戦略やIT戦略との整合性
3. グローバルのベストプラクティスと対比した際のポジショニング
4. 今回の投資におけるROI（投資収益率）やTCO（総所有コスト）

　サイバーセキュリティ投資はコストとして受け止められながら、リターン（ROI）を証明することが極めて難しい分野だといわれています。それを経営陣が十分納得できるレベルで説明することが求められます。（サイバーセキュリティのROIやTCOの論点は後述します。）

　サイバーセキュリティ施策の強化に向けた投資も、経営陣から見れば数ある投資の一つです。そのため、投資の重要性や緊急性を、経営

23

陣が理解可能な「プロトコル」に合わせて、簡潔にわかりやすく説明することが求められます。

3-4 経営陣が求める上申書の作成ポイント

　筆者も過去に数多くの上申資料の手伝いをしてきましたが、振り返ると、簡単な事前説明ですんなりと決裁された上申書には、次のような特徴がありました。

　1. 経営陣が理解可能な「プロトコル」で書かれている
　2. 可能な限り定量的な指標を用いている
　3. 経営サイドが重要視する指標を踏まえている
　4. 実直な内容である

　却下（リジェクト）された上申書は、一見、丁寧で非常にグラフィカルな内容ですが、技術用語が乱発されているケースが多くありました。
　サイバーセキュリティに限った話ではありませんが、多忙な経営陣に難解な内容に基づく上申をする際は、経営陣とのコミュニケーション「プロトコル」に基づき、簡潔で定量的でシンプルな上申であることが重要なポイントになります。
　経営陣とIT部門の間で、上申書の内容や形式に関する認識の差を埋めることは、サイバーセキュリティ施策の推進において欠かせません。IT部門は、経営陣が求める情報を的確に把握し、それをわかりやすく伝える努力が必要です。一方、経営陣も、サイバーセキュリティの重要性を理解し、IT部門との対話に積極的に取り組む姿勢が求められるでしょう。両者の歩み寄りと相互理解が、組織全体のサイバーセキュリティ向上につながります。

第4章

組織シニシズムと
経路依存性からの脱却

4-1 組織シニシズムとITイノベーション

　経営陣の皆さまは「組織シニシズム」という言葉をご存じかと思います。日本語に訳すと「組織"冷笑主義"」となるでしょうか。

　筆者からみると残念ですが、わが国の大規模組織のIT部門は、この組織シニシズムの増加傾向が見られると感じています。ITイノベーションやDXの号令をかけても、IT部門にとっては、現場のことを知らない経営陣の号令を冷笑するという組織シニシズムが蔓延しているのです。あってはならないことですが、IT部門は日常の業務に忙殺され、新たな業務領域となるITイノベーションやDXなどの施策に呼応できないのが実情です。これは明らかにIT部門の問題ではなく、経営、つまり組織全体の問題だといえます。

　一方、欧米の先進的なグローバル組織では、この組織シニシズムは小さく、ITイノベーションやDXに向けた取り組みが日本の大規模組織に比べ、活発に行われています。それはなぜでしょうか？

26

第 4 章　組織シニシズムと経路依存性からの脱却

4-2 組織シニシズムの原因分析

　筆者が複数の大規模組織で実施した組織シニシズムをテーマにした
ワークショップの結果を項目別に整理してみると、興味深い傾向がみ
えてきました。例えば、経営と現場（IT部門）で対比すると、組織シ
ニシズムが小さい欧米では経営陣がITを理解し先導しているのに対し、
日本では経営陣がITを現場まかせにしていたり、ITを理解していな
かったりするという実態が浮上します。この傾向は、人員構成や業務、
技術特徴などの項目でも同様に見られ、欧米と日本で相反する結果が
出ています。

　この結果を単純に文化の違いと片付けてしまうことはできません。
組織シニシズムが大きい状態では、経営戦略やIT戦略がどんなに素晴
らしくても、絵に描いた餅のようになり、実行に移されることはあり
ません。また、組織シニシズムはさまざまな弊害をもたらします。最
も深刻な弊害は、あらゆる業務がITインフラの上に成り立っているに
もかかわらず、そのITインフラを支えるIT部門が日々の業務で疲弊し、
欧米企業との差が日を追うごとに開いてしまうことです。
　ITインフラに遅れを取ることは、企業の競争力にも遅れを取ること
を意味します。ボクシングの"ボディブロー"のように、じわじわと企
業経営を蝕んでいくのです。組織シニシズムが大きくなる主要因は、
「経路依存性」の問題と密接に関係しています。（図4-1）

4-3 組織シニシズムの原因は経路依存性

　大規模組織が抱えている課題は多岐にわたります。ITの視点からは、
特徴的な課題が浮かび上がります。それは次のようなものです。

	シニシズムが低いチーム	シニシズムが高いチーム
企業特徴	主に先進的グローバル組織	主に国産系企業
経営と現場	経営がITを理解 現場が経営を理解	経営はIT音痴（理解してない） 現場は経営音痴（理解してない）
人員構成	組織内ITメンバーが多い	組織内ITメンバーが少ない
組織特徴	オープン：ジョブ型雇用 （役職呼称が無い）	クローズ：年功序列 （役職呼称が基本）
業務特徴	一人の社員が多くの業務に 割り当て	一人の社員が特定の業務に 割り当て
技術特徴	パッケージングサービスや クラウド利用が多い	独自開発や長期契約（利用）が 多い
ガバナンス	本社（HQ）の集中統制による ガバナンス（強制）が基本	日本と海外、グループ拠点の ガバナンスが分離
経路依存性	非常に柔軟 （アジャイル的な思考）	強固に固着 （ウォータフォール的な思考）

図4-1　組織シニシズムの傾向

第 4 章　組織シニシズムと経路依存性からの脱却

・諸外国のセキュリティレギュレーションが厳格化
・人的リソースが不足している
・IT 投資が年々抑制、制約されている
・本社とグループ会社で利用するツール群がバラバラで多岐にわたる
・IT 運用する組織も本社やグループ会社間でバラバラ＝「サイロ化」

　これらの課題は密接に関連し合っており、まさに「経路依存」しているのです。
　そのため、日本の大規模組織が抱える組織シニシズムの大きさを経営陣の皆さまが直視し、その改善や軽減に向けて IT 部門の声に耳を傾けてもらいたいと思います。現状の「つぎはぎの IT 投資」を継続しても、経路依存性の問題は解決せず、組織シニシズムはますます大きくなっていくのは明らかです。

　ただし、この経路依存性と組織シニシズムの問題は、主に「技術」に起因しています。そのため、技術を有効に活用することで、組織シニシズムを小さくし、経路依存性の問題を一斉に解決できる方法があります。本書を最後まで読み進めれば、その理由と解決方法を理解してもらえると思います。

第 5 章

サイバー攻撃の
プロセスについて

5-1 サイバー攻撃の基礎知識

　サイバー攻撃による犯罪はなぜ発生するのでしょうか？この質問に即答するのは意外と難しいかもしれません。結局のところ、現実社会と同様だと考えられるのではないでしょうか。サイバー攻撃は、現実社会の詐欺や暴力などの犯罪行為を、サイバー（IT）の力を使って実行するものといえます。現実社会でもサイバー空間でも、犯罪者の最終的な目的は金銭的利益を得ることが大半です。

　昨今の戦争や国際紛争の状況を鑑みると、サイバー攻撃の目的は多様化してきていると思われます。それは、相手側の攻撃力を削いだり、揺さぶったり、ライフラインを停止させたりすることなどが挙げられます。また戦地における深刻なケースでは、サイバーと実戦が融合したハイブリッド戦争が進行しています。

5-2 戦争とサイバー空間

　注目すべき点は、実戦とサイバー攻撃の回数を同じ期間で比較する

第5章　サイバー攻撃のプロセスについて

と、サイバー攻撃の方が3倍から4倍以上も多く発生しているということです。第二次世界大戦以前から情報戦は表舞台で繰り広げられていましたが、当時は主にスパイなどの物理的な情報戦が主体でした。それらの情報を暗号化し、敵対国の暗号を解読した国が戦争に勝利するという事実は歴史が証明しています。

　有名な例として、ミッドウェイ海戦における暗号解読が挙げられます。近代における情報戦こそがサイバー戦争といえるかもしれませんが、その技術や実行スピードは飛躍的に向上し、現代の戦争において切っても切れない密接な関係になっているのです。（図5-1）

5-3 サイバー空間における匿名性の欠如

　現実社会とサイバー空間の大きな違いの一つに、犯罪を行う際の利便性の高さが挙げられます。現実社会での犯罪行為は複雑な手段や覚悟を必要としますが、サイバー空間では、スマートフォンさえ操作できれば、小学生でも犯罪の実行が可能です。ソーシャルメディアにおいて、気軽な書き込みが誹謗中傷として人権侵害に当たるケースが増加傾向にあり、実際に裁判沙汰になることも珍しくありません。

　筆者は、小中学生向けのセキュリティ勉強会で講師を務めた際、多くの児童・生徒がサイバー空間における匿名性を正しく理解できていないことに気づきました。私たちがPCやスマートフォンを利用する場合、契約しているサービスプロバイダーが必ず存在します。そのプロバイダーは、利用者のIPアドレス（サイバー空間における唯一無二の住所）や氏名、実住所、登録された電話番号を把握しています。つまり、ネット上での誹謗中傷によって人権が侵害された場合、被害者はサービスプロバイダーに対して、加害者の情報開示請求（発信者情報開示請求）を行うことができるのです。これが最近ニュースでも取り上げ

31

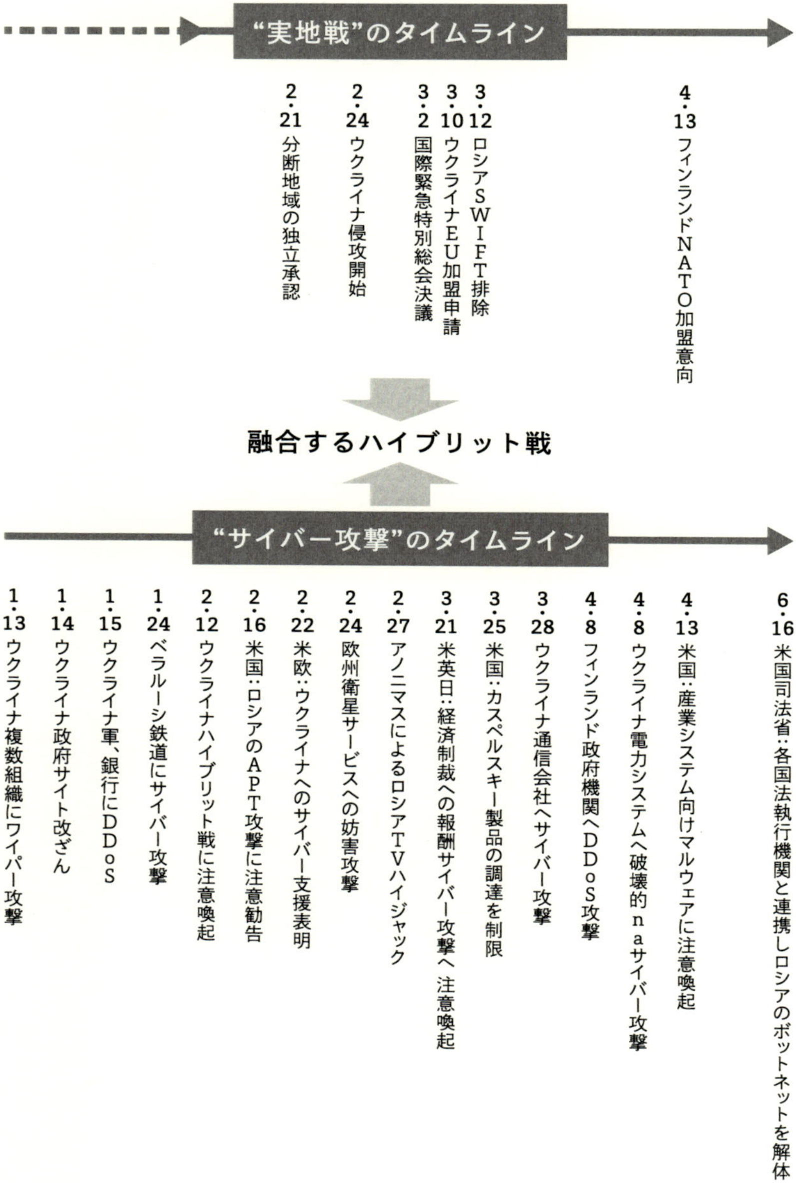

"実地戦"のタイムライン

2・21 分断地域の独立承認
2・24 ウクライナ侵攻開始
3・2 国際緊急特別総会決議
3・10 ウクライナEU加盟申請
3・12 ロシアSWIFT排除
4・13 フィンランドNATO加盟意向

融合するハイブリット戦

"サイバー攻撃"のタイムライン

1・13 ウクライナ複数組織にワイパー攻撃
1・14 ウクライナ政府サイト改ざん
1・15 ウクライナ軍、銀行にDDoS
1・24 ベラルーシ鉄道にサイバー攻撃
2・12 ウクライナハイブリット戦に注意喚起
2・16 米国：ロシアのAPT攻撃に注意勧告
2・22 米欧：ウクライナへのサイバー支援表明
2・24 欧州衛星サービスへの妨害攻撃
2・27 アノニマスによるロシアTVハイジャック
3・21 米英日：経済制裁への報酬サイバー攻撃へ注意喚起
3・25 米国：カスペルスキー製品の調達を制限
3・28 ウクライナ通信会社へサイバー攻撃
4・8 ウクライナ政府機関へDDoS攻撃
4・8 フィンランド政府機関へDDoS攻撃
4・13 ウクライナ電力システムへ破壊的naサイバー攻撃
4・13 米国：産業システム向けマルウェアに注意喚起
6・16 米国司法省：各国法執行機関と連携しロシアのボットネットを解体

図5-1　サイバーとリアルの攻撃タイムライン

第 5 章　サイバー攻撃のプロセスについて

られるプロバイダー責任制限法の主旨です。

　したがって、私たちがインターネットを利用する際には、私的であれ公的であれ、「オンライン」状態である以上、常に「住民票を額に貼り付けた状態」であると強く認識することが重要です。特に小中学生には、相手に面と向かって直接言えないことを、サイバー空間でも発信すべきではないと徹底して教える必要があります。

5-4 サイバー攻撃のビジネスインパクト

　サイバー攻撃の犯罪者は実行のためのツールを、インターネット（ダークウェブ）で買い物をするような感覚で簡単に入手することができます。最近では、AIを活用してサイバー攻撃に類するプログラムのソースコードを容易に入手することも可能です。プログラミングの基礎知識があれば、簡単にサイバー攻撃を実行できる環境がすでに整っているのです。こうした状況を考えると、全世界的にサイバー攻撃の件数が増加の一途をたどっていることもわかってもらえると思います。

　サイバー攻撃によるインパクトとはどのようなものでしょうか？大きく分けると、「情報漏えい」と「事業停止」の2つに集約されます。情報漏えいは、組織が保有する機密情報や非機密情報が外部に流出することを指します。その内容は、個人情報、製品開発情報、営業情報などです。

　一方、事業停止は、地震や火災による被害をイメージするとわかりやすいかもしれません。サイバー攻撃によってITシステムが利用不可能になり、いわゆるシステムの可用性がゼロになる状況を指します。

33

5-5 ESG投資とサイバーセキュリティ

　図5-2は、年商2兆円を超える企業・組織におけるサイバー攻撃のビジネスインパクトを分析したものです。情報漏えいや事業停止は直接的な影響をもたらし、組織の純利益やレピュテーションの低下につながります。近年、グローバルの投資家の間では、ESG（環境・社会・ガバナンス）の観点から、サイバーセキュリティを非財務指標として重要な投資指標と位置付けています。そのため、サイバー攻撃による直接的な影響だけでなく、ステークホルダーに対するインパクトも深刻度を増しているのです。

　例えば、情報漏えいによって1週間ないし1カ月の間に株価が10％下落した場合、ステークホルダーに与える影響は極めて大きいといえます。読者の皆さまはその重大性をすぐに理解できると思います。日本サイバーイノベーション委員会（JCIC）が発表した分析結果によると、情報漏えい事故の発生後50日の株価下落率は平均で6.3％にも及ぶとのことです。下落率は業種や知名度、取り扱う個人情報の量によって変化しますが、投資家はサイバーセキュリティ対策を重要な非財務指標と捉えているのが現状です。

　「うちはBtoBの企業だから、個人情報漏えいは深刻な問題にならない」と考える方がいるかもしれませんが、その考えは改める必要があります。株価を公開している以上、経営者の意向にかかわらず、すべての上場企業が同じリスクを背負っているのが実情です。サイバーセキュリティ対策は、一部の企業の問題ではなく、あらゆる企業が真剣に取り組むべき経営課題といえるでしょう。

第５章　サイバー攻撃のプロセスについて

前提：年商2兆円、純利益800億円、時価総額1兆における予想最大損失額（PML）の試算

想定被害項目	想定損失額（例）	
	予想最大 損害額（PML）	算出根拠
個人情報による 金銭被害	▲50億円	契約数1,000万×賠償金@500円
ビジネス停止による 機会損失	▲274億円	マルウェア感染による業務停止 （検知から復旧完了まで5日間）
事故対応費用	▲0.7億円	フォレンジック調査、コールセンター費用 ダークウェブ調査等
法令違反による 制裁金（GDPR）	（▲800億円）	全世界売上の4%か 2,000万€（ユーロ）の高い方
時価総額への 影響	▲1,180億円	時価総額1兆 × 方6.3% （過去事案における前年度比較平均）

年間事故発生確率12% → 合計▲115億円の損失リスク

図5-2　ビジネスインパクトの試算

5-6 CIAモデルからAICモデルへ

　情報漏えいや事業停止といったビジネスインパクトに対して、サイバーセキュリティの世界ではCIAという考え方が徹底的に叩き込まれます。ここでCIAとは、Confidentiality（機密性）、Integrity（完全性）、Availability（可用性）の頭文字を取ったものです。CとIが情報漏えい、Aが可用性に該当すると理解しやすいでしょう。

　しかし、昨今のサイバー攻撃は、まずシステムの可用性をゼロにしてから機密性と完全性を脅かす流れが主流となってきて、AICの順でサイバーセキュリティを捉えるべきという考え方が一般化しつつあります。つまり、可用性なくして機密情報は守れないということです。このAICを脅かすサイバー攻撃プロセスの原理・原則を説明しましょう。

ステップ1：脆弱性の探索

　犯罪者はまず、攻撃対象となる脆弱性を探索します。極端にいえば、サイバー攻撃は脆弱性がなければ発生しません。脆弱性は私たち人間がもつ脆弱性（人の脆弱性）とシステムが内包する脆弱性（モノの脆弱性）に大別されますが、これから説明する脆弱性は後者になります。

　脆弱性には次のような代表的なものがあります。

・セキュリティ機能が働いていない非管理端末
・端末上で稼働しているOSやプログラムがもつバグ
・組織が定める桁数やルールに従っていないパスワード設定など

　最近はこれらの脆弱性を「シャドーIT」と呼ぶこともあります。管理者がセキュリティ管理できない、非常に危険なIT環境です。犯罪者はこれらの脆弱性をインターネット経由で探索し、脆弱性が見つかれ

第 5 章　サイバー攻撃のプロセスについて

ばソコを突いて攻撃します。例えばフィッシングメールなどの詐欺メールを社員に送り付け、添付ファイルをクリックさせて、その添付ファイルが自動的に脆弱性を悪用し、攻撃を仕掛けてきます。

「サイバー攻撃は脆弱性がなければ発生しない」という原理・原則からいえば、脆弱性を把握し（可視化）し、是正（修復）し続けることがサイバーセキュリティにとって最も重要です。

犯罪者は人とモノの脆弱性をインターネット経由で巧みに分析し、悪用可能な脆弱性を見極めます。例えば、フィッシングメールでは、会議予定や経営者からのメッセージ、官庁や税務署、銀行になりすましメールを送信し、添付されたワードやエクセルの資料をクリックさせることで人の脆弱性を悪用します。クリックした瞬間に、資料に埋め込まれた攻撃プログラムが起動し、モノの脆弱性を悪用して、サイバー攻撃の初動プロセスが完了します。メールを開いてからマルウェア感染まで1秒もかからず、感染に気づく人間はほぼいないでしょう。

もし怪しい添付ファイルをクリックしてしまった場合は、躊躇せずに、IT（セキュリティ）チームに即連絡することです。そうすれば感染拡大を防ぐことができますが、わが国ではサイバー攻撃に関する情報開示への対応が及び腰で、結果的にマルウェアの大感染を誘発してしまうことが多いのが実態です。マルウェア感染を悪とせず、いち早く報告した個人を表彰するような余裕が求められます。組織レベルでも、サイバー攻撃による事案が発生した場合、隠蔽することに知恵を絞りがちになりますが、マルウェア感染は自然治癒しないので、早急な対応が求められます。

こうした背景から米国やEU、オーストラリアなどの先進諸外国では、サイバー攻撃発生時に、指定した時間内に事案の実態や影響度を報告する義務を課す動きが活発化しています。具体的には、指定時間内に指定されたフォーム（報告書）で報告しなかった場合、ペナルティが課せられます。そのペナルティは、法令や指令の種類によって異なりますが、企業の全世界売上の数％を要求するというケースが一般的になりつつあります。

　情報開示に関して興味深い事例があります。米国FBIのクリストファー長官が2023年、Homeland Security Symposium and Expoの講演で、80カ国以上の企業・組織に対してサイバー攻撃を行っていた犯罪組織（HIVE）を壊滅させたことを報告しました。しかし、実際にHIVEからサイバー攻撃を受けてFBIに連絡した企業・組織はわずか20％で、残りの80％は攻撃を受けていたにもかかわらず連絡していなかったのです。もしFBIがHIVEを壊滅できていなかったら、連絡しなかった80％の企業・組織は、情報漏えいやシステム停止などの壊滅的なダメージを受けた可能性が極めて高かったでしょう。このことからも、サイバー攻撃を受けた場合は、攻撃の予兆段階から速やかにFBIなどの適切なセキュリティ機関へ情報共有することが、社会インフラを守り、業種を問わずリスク発生を最小化できることが明らかになったと思います。

　サイバー攻撃を受けたという事実は、決して「悪」ではなく、むしろ世の中にとって「善」となる情報なのです。情報開示に踏み切る勇気を称える環境づくりが求められています。少なくとも、発見・報告された脆弱性情報と同じレベルで、サイバー攻撃の予兆や被害情報も業界全体で共有できるようになれば、サイバー攻撃による被害は大幅に減少するはずです。

ステップ2：ウイルス感染

　ステップ1で脆弱性が犯罪者に発見され悪用されると、コンピュータウイルスが犯罪者のいるインターネット上の拠点から自動的にダウンロードされます。コンピュータウイルスは「悪意あるプログラム」であり、それが実行されるとウイルスに感染します。感染が成立すると、犯罪者がインターネットを介して感染した端末を遠隔操作できる状態となります。

ステップ3：アクセス権限の窃取

　次に犯罪者が狙うのが、アクセス権限です。ITシステムはパスワード/IDで管理されていることは読者も承知されていると思いますが、犯罪者はこのパスワード/IDを感染端末から窃取し、ユーザーのアクセス権限を不正に入手します。例えば、感染した端末のアクセス権限が弱い場合、感染端末を起点として、さらに周辺の端末への感染を広げ、ITシステム管理者が持つ上位のアクセス権限である「管理者権限」の窃取を試みます。この際、感染が拡散されます。10年程前は、この感染拡散や不正アクセスは派手な振る舞いで気づきやすかったのですが、近年は、犯罪者もこれらの活動を隠蔽し、気づいたときには管理者権限が窃取されていることが少なくありません。

　また最近の大規模なセキュリティ事故では、管理者権限が窃取されるステップ1からステップ3まで1時間を切るケースも発生しています。10年前は2、3年かかるのが一般的でしたので、この超高速で隠蔽された感染の恐ろしさを理解してもらえるでしょう。

ステップ4：管理者権限の乗っ取り

　管理者権限の窃取以降は、自組織のITシステムが犯罪者に掌握された状態になります。人間でいえば、脳が乗っ取られた状態で、サイバー

セキュリティの世界では"The End"と呼ばれます。管理者権限はITシステム管理者と同等の権限を持つため、本来の防御システム（ウイルス対策製品など）は無力化され、セキュリティ分析用に保存されていたセキュリティログも消去されます。この状態で、可用性（Availability）が損なわれ、組織が保存していた機密情報が窃取され、機密性（Confidentiality）が破壊されます。

ステップ5：機密情報（Classified Information:CI）公開の脅迫

　犯罪者のサイバー攻撃の最終ステップです。機密情報（Classified Information, CI）の窃取後、CIが保存されているサーバや可用性（Availability）を司るバックアップデータを暗号化します。すでに組織の生命線である可用性が損なわれ、機密情報も犯罪者の手中にあるため、守る側の組織にはもはや手立てがありません。犯罪者はこの状態でターゲットの組織を脅迫します。「機密情報をバラされたくなければ金を払え」という流れです。犯罪者は脅迫金と引き換えに暗号化したバックアップデータの復旧キーを提供しますが、バックアップシステムが実際に復活するのは、弊社の統計でも25％程度に過ぎません。

　近年、サイバー事故が発生した場合、そのインパクトは計り知れません。もし会社の社員の端末が1日使えなかったら？ 製造ラインが1日停止したらどうなるでしょうか？ 経営者は、瞬時にその被害を試算できるでしょう。その被害を受容できるのなら、サイバーセキュリティ対策は不要ですが、被害を低減、回避したいのならば、相応の対応が求められることも理解してもらえるでしょう。

第5章　サイバー攻撃のプロセスについて

5-7 サイバーセキュリティ対策の必須ステップ

　すべてのサイバー攻撃プロセスは、基本的に同じステップで実行されます。近年、脆弱性の中で最も深刻と言われるのが管理されていない端末群であり、日本国内の大手組織では平均20％の非管理端末が存在します。資産管理台帳上では1万台の端末が、実際には1万2千台も存在するというケースが一般的です。管理されていない端末には一切のセキュリティ対策が施されていないため、犯罪者にとっては格好の攻撃ターゲットとなります。また、管理している端末であっても、OSやアプリケーションのパッチ（バグを修正した修復プログラム）の適用率は平均で60％にとどまっているという事実もあります。（図5-3）

　1万台が100％の資産であると仮定した場合、4000台が犯罪者に狙われる脆弱性を持つということです。ある通信事業者で発生したセキュリティ事故のケースでは、本社とネットワークがつながっている海外拠点の非管理サーバが狙われ、パッチ未適用の脆弱性も同時に対象となり、段階的に管理者権限が窃取され、システムが掌握された後、機密性（Confidentiality）、完全性（Integrity）、可用性（Availability）が失われました。同様のケースは枚挙にいとまがありません。

　サイバー事故を経験した皆さんが挙げる世界共通のキーワードがあります。それは"見えないものは守れない"、あるいは"見えないものは守りようがない"というものです。

41

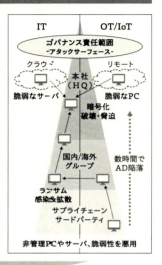

図5-3　サイバー攻撃プロセスとセキュリティ対策のステップ

第 6 章

グローバルな
サイバーセキュリティ
対策動向

6-1 新法令と罰則のグローバル動向

　サイバー攻撃のプロセスを紹介しましたが、米国やEU圏などの先進諸外国における、サイバーセキュリティ対策の最新動向をみておきましょう。2022〜23年を振り返ると、義務化される法令や指令の共通のキーワードは「報告期限と罰則規定」というものです。これまでの要求事項は、「特定の対応の重要性や推奨」など企業・組織における努力目標が掲げられましたが、要求事項に対し報告期限を設け、対応できない場合、全世界売上の一定割合のペナルティ（罰則金）を支払うという要求事項と報告期限への罰則が対になる状況が増加しています。

　米国の重要インフラ事業者に対する「サイバーインシデント報告法」では、インシデント発生後、24時間以内に当局へ報告することが求められています。EUの「NIS2指令（改正メットワーク及び情報システム指令）」ではインシデント発生から72時間以内の報告を求めています。今後、法令や指令に報告期限を設けることが前提となり、期限が守られない場合はペナルティを課すことが一般化していくと推察されます。

第6章　グローバルなサイバーセキュリティ対策動向

米国（DHS-CISA）：
　重要インフラに対するサイバーインシデント報告法
　・インシデントが発生したら24時間以内に報告

・米国証券取引委員会（SEC）：
　サイバーセキュリティの開示規則
　・インシデントが発生したら4日以内に報告

欧州連合（EU）：
　NIS指令 2
　・インシデント（重大）が発生したら24時間以内に報告

・欧州連合（EU）：
　サイバーレジリエンス法
　・自社製品で脆弱性を発見したら24時間以内に報告

・オーストラリア政府（ACSC）：
　重要インフラ安全保障法
　・インシデント（重大）が発生から12時間以内に報告

図6-1　欧米各国におけるインシデント報告ルール

6-2 法令遵守の組織的課題

　こうした法令や指令の動向は、昨今のサイバー攻撃による事案の深刻度から、努力目標などの曖昧性を排除し、攻撃に対する耐性を強化し、攻撃を受けた際のインパクト（リスク）を早期に最小化することを政府機関が重要視している裏付けでもあります。これは他人事ではありません。法令や指令が出ている国やエリアに一つでも拠点を持つ企業・組織は、従う義務が生じるのです。

　経営者向けのサイバーセキュリティのワークショップで、時折「諸外国は大変ですね」と語る経営者がいますが、「御社も対象ですよ」と助言すると、青ざめることがよくあります。

　例えば、自社のCSIRTチームが、EUの拠点でサイバー事案の発生を確認し、外部機関からも同様の報告を受けた場合、経営陣はそのサイバー攻撃による影響や深刻度を迅速かつ正確に把握することができるでしょうか？　どのような経路や原因でサイバー攻撃を受けたのか、どのような影響が出ているのか、当局への報告に必要なデータを経営陣が説明できるレベルで整理されているでしょうか？

6-3 経営陣の責任と認識

　サイバー事案の報告だけでなく、サイバー攻撃によって被害を受けた環境の状況や実態、復旧に向けた対処策についても、指定した期限内に報告できるでしょうか？　大半の企業・組織ではBCP（Business Continuity Planning：事業継続計画）を立案し、さらにIT-BCPの策定も進んでいることと思います。IT-BCPにはRTO（Recovery time objective：目標復旧時間）が定義されますが、RTOを実現可能な状態

でしょうか？（詳細は第12章で説明）「当社は大丈夫です」と言い切れる組織は、現時点では極めて限定的であると言わざるを得ません。

　大規模組織の場合、守るべき対象であるガバナンスの範囲は、本社を筆頭に、国内／海外拠点、各工場や倉庫、販売拠点、グループ拠点、業務連携をしているサプライチェーンが対象となります。組織規模によって対象のガバナンス範囲は数百から数千の存在になります。

6-4 横断的なタスクフォースの必要性

　経営陣の皆さまに認識してもらいたいのは、これらすべての拠点がネットワークで接続され、業務が遂行されている昨今、すべての責務は望むと望まざるとにかかわらず、経営陣が負っているという点です。弊社が支援しているグローバル企業においては、経営の責務となるガバナンス範囲を明確に認識してもらい、段階的にガバナンスの範囲（詳細は第14章で説明）を包含した上で、関連諸外国の法令や指令などのレギュレーションなどを常に議論し、対応を進めています。

　諸外国の法令や指令については、法務部門やリスクコンプライアンス部門とIT、セキュリティ部門が密接にコミュニケーションを取りあい、意図するポイントを理解し続ける必要があります。わが国の多くの企業・組織は、いわゆる「縦割り」であり、組織間の互いの仲が悪く、責任の押し付け合いがよく見受けられます。この「縦割り」は日本の組織文化であり、経営層から「簡単に変えられない」と言われますが、だからこそ陣頭指揮能力が求められるのです。すぐに変えられなくても、諸外国の法令や指令への対応が喫緊の課題なので、横断的なタスクフォースを「経営陣の陣頭指揮」で執行することが重要です。

47

6-5 望まれる陣頭指揮

　各組織から疑問を呈する反応が出たら、「ガバナンスの責務は経営陣にある。万一の事案が発生した際の責務も同様である。その責務をあなたたちが負うことができるのか？」と回答してください。少々過激かもしれませんが、昨今の情勢を考えると、サイバー事故が発生し、投資家や株主、その他のステークホルダーに対する責務を負うのも、記者会見で謝罪するのも経営陣です。グローバルな事案で取り沙汰される場合は、諸外国の法廷で責任を追及され、責務を問われるのもまた経営陣なのです。

　同様のケースを間近で見てきた筆者として、経営層が陣頭指揮を執り、発生した責務も担うという大前提を、まず各組織の責任者との共通認識として持つことが、サイバーセキュリティの高度化に向けた第一歩になると確信しています。要求レベルが続伸する諸外国の法令や指令に対し、順応している企業・組織は、経営層がサイバーセキュリティの陣頭指揮を執っているところが大半です。

6-6　ITインフラとしてのサイバーセキュリティ

　こうした活動を投資家や株主、その他のステークホルダーに対して適切に情報発信もされています。経営者の中には、これらの活動はCISO（最高情報セキュリティ責任者）やCRO（最高リスク管理責任者）の責務であると考える方もいますが、大規模事案の発生時には、すべての経営層は運命を共にしており、責任の押し付け合いをしている場合ではなくなります。

第 6 章　グローバルなサイバーセキュリティ対策動向

　サイバーセキュリティはITイノベーションやDX、データドリブン経営、デジタルツインなどの、注目されている戦略と密接にかかわります。サイバーセキュリティはITインフラの基礎であり、屋台骨なので、それが揺らげばすべてが揺らぐことになります。経営陣が一丸となってサイバーセキュリティの陣頭指揮を執る覚悟を持つと、諸外国の法令や指令に対応するだけでなく、経営戦略自体をスムーズに遂行する潤滑剤の効果も発揮します。

　セキュアで安定したITインフラがなければ、すべての経営戦略が成功しないことは、経営陣の皆さまが直感しているはずです。

第 7 章

ビジネスインパクトについて

7-1 サイバー事故の具体的影響

　本章では、実際にサイバー事故が発生した際のビジネスインパクトについて説明していきます。

　サイバー攻撃によるビジネスインパクトは、事業停止と情報漏えいと先述しました。これらの事態が発生した際に、経営陣にはどのような責務が生ずるのでしょうか。事故の責任は経営陣に問われることになります。謝罪会見や引責辞任、監督省庁からの監視対象化などが想定されます。また、実際に情報漏えいや事業停止が発生すると、さまざまなビジネスインパクトが発生します。情報漏えいであれば損害賠償金、株価の下落、ブランド価値の低下などの事態です。定量的に金額で換算できる項目もあれば、ブランドのように、中長期にわたる価値の低下など企業・組織の歴史や文化に悪影響を与えるものもあります。

　大規模な情報漏えい事故のあった組織の経営者からは、事故から10年近く経つのに、未だに「セキュリティ対策は大丈夫ですか？」と取

引先から聞かれると伺います。組織の知名度が高いほどインパクトは大きく、長期にわたってブランドを毀損し続けることになります。わが国ではJNSA（日本ネットワークセキュリティ協会）が情報漏えいに関してデータを分析、公開しているので、こちらの確認も勧めます。

7-2 ランサムウェア感染と事業停止リスク

事業停止について、近年のサイバー攻撃として代表格のランサムウェア感染被害によるビジネスインパクトは深刻です。あるメーカーでは、生産ライン停止による純粋な金額損害だけで約15億円だったとのことです。もし皆さまの企業・組織でランサムウェアに感染し、ITシステムや製造システムが停止した場合、年間売上を365日で割り、可用性が完全復旧するまでの期間日数を掛ければ、それが損害金額となります。損害とは、本来受容することができた機会損失でもあります。

筆者の所感ですが、わが国の大規模組織の経営層は、自然災害（地震、水害、火災等）については、その対策投資に対してポジティブですが、わかりづらく、見えづらいと感じるサイバーセキュリティの投資には、ネガティブな傾向があります。サイバー攻撃によって自然災害と全く同様のインパクトが発生するという前提に立てば、「何のためにサイバーセキュリティ投資をするのか？」という質問が発せられることはないでしょう。

7-3 サイバー攻撃と自然災害との比較

発生確率や影響度について、自然災害は相手が自然なので、近年の温暖化による異常気象などを鑑みると、発生確率の予想は困難です。サイバー攻撃については、地政学的緊張が大きく影響するので、発生

確率こそ算出は難しくとも、影響度については自然災害よりも深刻といえます。自然災害もサイバー攻撃によるビジネスインパクトも、最終的には経営がそのビジネスインパクトを許容できるのか、許容できなければ低減や回避するのか、あるいは移転するのかを判断しなければなりません。現場に任せるのではなく、経営陣が自ら意思決定することが求められています。

7-4 リスク評価マトリクスと経営陣のリスク対応

　図7-1は、複数の大規模組織の経営陣に、「経営を脅かすリスク」をテーマにワークショップを実施した時の結果を示したものです。経営者の視点から発生確率や影響度など、実際のリスクや想定されるリスクついて、マトリクスに付箋を貼ってもらいました。

　数万人の従業員を抱える業界別の3社にそれぞれ実施しましたが、ほとんど同じ結果になりました。驚くのは、発生確率や影響度が最も懸念される領域はシステム停止や情報漏えいであり、それに続くのが地政学的リスクやサプライチェーンリスクという点が共通だったことです。これらはサイバー攻撃によって誘発されるリスクであり、経営陣のリスク対応という視点からも、サイバーセキュリティの重要性が認識された結果となりました。読者の皆さまの会社・組織でも、経営陣に同じマトリクスで質問してみてください。おそらく近い答えが返ってくると思います。

第 7 章　ビジネスインパクトについて

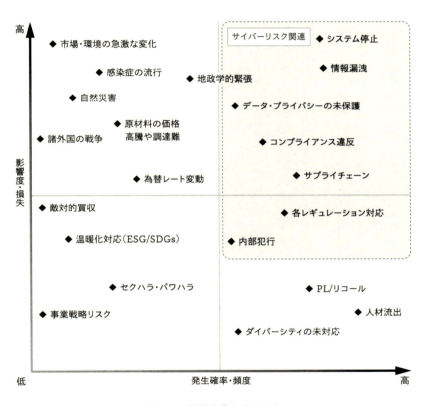

図7-1　経営を脅かすリスク

第8章

サイバー防御プロセスについて

8-1サイバー防御プロセスの全容把握

本章では、サイバー防御のプロセスについて説明していきます。

サイバー事故を経験した組織の共通キーワードが「見えないものは守れない」であれば、「見えるものは守れる」というのが、防御の答えになります。前章で、サイバー事故の発生要因は必ず脆弱性を悪用すると述べました。その脆弱性の中で、最も深刻なのが非管理端末の存在であり、次に組織が利用しているOSやアプリケーション、さらにはIT内製化で開発したSBOM（Software Bill of Materials：ソフトウェア部品管理表）の脆弱性が筆頭に挙げられます。その次にはIPA（情報処理推進機構）やJPCERT/CC（JPCERTニーディネーションセンター）などの公的なセキュリティ機関が発信する脆弱性情報（CVE：Common Vulnerabilities and Exposures等）や、自組織のセキュリティポリシーに未対応の脆弱性への対応です。脆弱性を徹底的になくすことがサイバー防御プロセスの原理・原則になるので、まず自組織が対処すべき脆弱性を定義し、その脆弱性が管理対象の端末群に存在

第 8 章　サイバー防御プロセスについて

するかを可視化し、可視化された脆弱性を是正するというプロセスとなります。順を追って、サイバー防御プロセスを見ていきましょう。まず42ページの「図5-3　サイバー攻撃プロセスとセキュリティ対策のステップ」を参照ください。図の上部（サイバー攻撃プロセス）と対比することでわかりやすくなると思います。

ステップ1：全IT資産の可視化で「見えないものをなくす」

　「見えないものをなくす＝シャドーITをなくす」上で、最初の防御ステップは組織内に存在する全IT資産の可視化です。多くの企業・組織がIT資産の棚卸しを実施していると思いますが、ここでの全IT資産の可視化とは、連続的に非管理端末をあぶり出し、見つければ資産管理台帳を更新し、非管理端末を徹底的に排除し続けるプロセスになります。このプロセスを「動的なIT資産管理」と呼び、全IT資産を把握すると、その資産の構成情報が可視化できます。これが実現されなければ、脆弱性管理はできません。

　非管理端末を可視化するもう一つの条件は、経営陣の責務となる「ガバナンス全範囲の網羅性」です。取締役にはコーポレートガバナンスの責務がありますが、この物理的範囲が非管理端末可視化の範囲となります。グローバル企業では、この全範囲は、本社はもとより、本社管轄の国内拠点、海外拠点、資本関係のある国内グループ、海外グループ、さらにサプライチェーンにまで広がります。この範囲で業務に携わる従業員は、オフィスや工場、店舗、在宅、営業車などのオンプレミス、リモートすべての「ハイブリッド環境」まで対象となります。

　「見えないものをなくす」上では、ガバナンスの物理的な全範囲を網羅しつつ、ハイブリッド環境も同時に網羅する必要があります。資本関係のある海外グループ拠点の営業担当が、営業車からノートパソコンで仕事をしている場合も、経営陣のガバナンス責任範囲になるとい

55

うことです。（以降、ガバナンスの物理的な全範囲×ハイブリッド環境を「グローバルITガバナンス」と要約）

　現在、グローバル組織や国防機関は、この「グローバルITガバナンス」の実現に向け、最初のステップで最重要のプロセスとなる「動的なIT資産／構成管理」に本格的に着手しています。サイバー防御プロセスで最も重要なのはIT資産／構成管理であり、IT資産／構成管理なくしてサイバーセキュリティは成り立たないと言っても過言ではありません。多くの企業・組織は"静的"なIT資産／構成管理は何とか運用していますが、グローバルITガバナンスの実現に向けて、常に非管理端末をあぶり出し、資産管理台帳を更新、最新化し続ける必要があります。「見えないものは守れない」からこそ、重要なのです。

　違う角度からIT資産／構成管理をみると、昨今、国会でも活発に議論されている経済安全保障の観点で非常に重要な位置付けになってきています。経済安全保障において重要な制度はセキュリティ・クリアランス制度であり、経済安全保障上で国家機密と指定した機密情報を取り扱う"人（者）"の適格性を審査し、認証を与えるという点は承知されているかと思います。セキュリティ・クリアランス制度が施行されているファイブ・アイズ（米英にカナダ、オーストラリア、ニュージーランドを加えた英語圏5カ国の「UKUSA（United Kingdom-United States of America Agreement）協定」に基づく機密情報共有の枠組）では、罰則規定も明確に定義されています。

　このセキュリティ・クリアランス制度の実現に向けたステップは次の3点です。

① 守るべき機密情報（当該情報）を定義（識別と格付け）する

② 定義された当該情報が保存されているIT資産（デバイス）を定義（識別と格付け）する
③ ①×②にアクセスする権限を紐付ける

　守るべき機密情報は必ず物理的なITデバイス（PCやサーバ、スマートフォンなど）上に保存されています。外部犯行系（サイバー攻撃）、内部犯行系いずれであっても、情報漏えい事故は必ず機密情報とITデバイス、それらにアクセスする人に紐付きます。守るべき機密情報やアクセス権限を強化するのはイメージしやすいですが、それらが利用されるプラットフォーム＝IT資産（デバイス）管理の重要性が見落とされるケースがあり、結果的に致命的な問題の元凶になり得ます。経済安全保障とIT資産／構成管理は密接に関連しています。

ステップ2：脆弱性を可視化と是正で排除する

　動的なIT資産管理／構成管理が実現されると、「見えないものをなくす＝シャドーITをなくす」状態が高度に維持されます。次のプロセスは脆弱性管理です。より正確には自組織が定めた当該脆弱性の可視化と是正であり、こちらも"動的"な脆弱性管理が求められます。脆弱性の悪用から管理者権限が奪われるまでおよそ1時間という時代に、脆弱性可視化に数週間をかけていては、管理の意味がなくなります。また脆弱性管理によくある誤解の一つに、"可視化"を"管理"としているケースがあります。これでは半分の点数しか差し上げられません。

　動的な脆弱性管理は、当該脆弱性を特定識別する可視化を行い、可視化された脆弱性をパッチ適用や設定変更、バージョンアップ等で是正することまで求められます。運用のライフサイクルにおいて、可視化と是正を繰り返すことで、これらの管理が実現されます。

・サイバーハイジーンの重要性と積極的な展開

　動的なIT資産管理／構成管理と動的な脆弱性管理は総称して「サイバーハイジーン」と呼ばれています。ハイジーン（hygiene）とは健康を維持・向上させる習慣や活動であり、「衛生」を意味します。新型コロナやインフルエンザを例にとると、これらのウイルスに感染しないように、手洗い、うがい、マスク、ワクチン接種を実施します。そうした感染防御プロセスが、ハイジーンであり、ITの世界では「サイバーハイジーン」となります。

　現在、サイバーハイジーンはグローバルレベルで最優先に取り組むべきサイバーセキュリティ施策として大号令が発せられています。米国土安全保障省（CISA）のトップページには、「Cyber Hygiene Service（サイバーハイジーン・サービス）」が目立つポジションに配置されています。英国では国家サイバーセキュリティセンター（NCSC）と国家犯罪対策庁（NCA）が合同で「近年のサイバー事故は、不十分なサイバーハイジーンの影響によるもので、最優先で実施すべき」との号令を出しています。また CIS（Center for Internet Security：米国のセキュリティ標準化を推進する政府、企業、学術機関による団体）は、セキュリティ施策で最優先すべきなのがサイバーハイジーンであると明言しています。日本政府は、金融庁を筆頭にサイバーハイジーンの重要性を支持しています。サイバーハイジーンの重要性をアピールし、号令を出している国家機関や組織、団体は数多くあり、代表的な例をあげましたが、その意義と重要性は一層大きくなっています。

　筆者はこれまでサイバーハイジーンの重要性を、1,000社以上の企業・組織に訴求してきましたが、「その考え方はおかしい」と言われたことはありません。その重要な施策が、多くの大規模組織で管理する

ITインフラでどれくらい有効に稼働しているか知りたくなります。以降のケースはその一つの結果です。これは特異ではなくわが国のほとんどの企業・組織に当てはまる結果でしょう。

・可視化でみえてきた管理状況の実態

　ある大規模企業におけるサイバーハイジーンの実態を調査した結果ですが、全部で297台の対象端末のうち、脆弱性が一切なかった端末はわずか13％でした。残り87%の端末が脆弱性を保有していたわけです。ちなみに資産管理ツールの稼働率が95%でした。また、調査対象の端末は297台でしたが、管理されていない端末がこれ以外に33台ありました。実際には330（=297+33）の端末を保有していたわけです。

　この企業の資産管理台帳上で管理されている端末は297台で、非管理端末は33台計測されています。したがって本来の100％の資産は330台が母数になります。脆弱性で最も危険と指摘した非管理端末が約10％程度、調査環境の中に存在していたというのが事実です。資産管理状態を可視化すると、ウイルス対策製品（EPP：Endpoint Protection Platform）が導入されているにもかかわらず、動作していない端末が4台、最新のワクチンファイルが適用されていないものが17台と、資産管理ツールが約5％非稼働という実態が浮き彫りになりました。

　導入したセキュリティツールが働いていないということほど、恐ろしいことはありません。EMOTETというランサムウェアが猛威を振いましたが、資産管理分析で、仮にEPPが動作していない無防備状態でも、Windowsのマクロ設定を無効化していれば感染拡散は防げます。

　この企業では、そうしたリスクに対しマクロ設定の無効化をルール

として定義していましたが、調査では8台が有効化されていました。これは、セキュリティポリシー違反であり、当該端末は即刻、マクロを無効化するというアクションが求められました。

・脆弱性情報（CVE）の活用による可視化

　管理端末のうち、CVE（Common Vulnerabilities and Exposures）によって深刻度の高い端末を調べると180台がヒットし、Windowsのパッチ適用（インストール）を完了後、再起動していないことで未適用の端末が37台もありました。調査対象端末297台のうち272台が、極めて深刻な脆弱性を持っていたわけです。これは犯罪者が目を付け、悪用すればすぐにでも管理者権限が奪われるという状態にあるということです。しかもこの評価環境は一部の環境であり、同様のリスクが、本社やグループ、海外現法、店舗や工場など全世界に点在し、そのハイブリッド環境まで展開しているということです。

　サイバーハイジーン・アセスメントを実施すると「臭い物の蓋が開く」、「パンドラの箱が開く」「そして責められる」というIT担当者の嘆きをよく聞きます。これはIT部門の問題ではなく、時代の変遷とともにサイバーセキュリティの要求レベルが高まっているためであり、「臭い物」が見つかっても経営陣は決して、IT部門を責めるべきではありません。このまま「蓋をし続ける」と中が腐り、犯罪者に悪用される危険性は増大化していきます。企業・組織にとってはるかに大きなリスクが待ち受けることになります。

ステップ3：ツールを活用し防御力を最適化する

　サイバーハイジーンによって脆弱性が排除され、セキュリティ事故の発生は未然に防御されますが、100％の防御ができるわけはありま

第8章 サイバー防御プロセスについて

せん。CISのデータでは、サイバーハイジーンの防御は85％以上防げるとあり、別の調査機関のデータでは、サイバーハイジーンでは防げないゼロデイと呼ばれる未知の脆弱性は0.4％であり、未然に防御可能な攻撃は99.6％とあるように、100％でないのも確かです。

・ウイルス対策製品（EPP、EDR）の活用

　そこで威力を発揮するのがEPPやEDR（Endpoint Detection and Response）、最近はXDR（Extended Detection and Response）と呼ばれるウイルス対策製品です。いくつかのメーカーのものはAIテクノロジーも実装し、その機能は飛躍的に向上しています。これらのツールが正常に稼働すれば最大のパフォーマンスが期待できますが、ここにも大きな問題があります。組織的に導入したツールが未インストールだったり、インストール済みだが動作していなかったり、動作しているが正しいバージョンでなかったりする脆弱性です。サイバー防御が期待されるツールですが、当然、非管理端末には導入されないという点も課題です。

　したがって、これらのツールの正しいバージョンを全数端末にインストールし、正常性を確認し続けることが重要となり、結局はサイバーハイジーン施策の重要性が増していきます。言い換えると、サイバーハイジーンの実現は、導入ツールのROIを最大化させる役割があり、投資したツールに100％のパフォーマンスを維持させるために必須であるということです。

ステップ4：サイバーハイジーンによる包括的な防御体制の構築へ

　企業・組織の内部ではネットワークセキュリティツール群（ファイアウォール、IPS、各種コンテンツフィルタなど）やクラウド基盤上のセキュリティツールのSASE（Secure Access Service Edge）、SSE

(Security Service Edge) など、またID管理基盤としてAD（Active Directory）や、認証・認可の基盤（IdP/MFA）等々、ハイブリッド環境を網羅するさまざまなセキュリティツールが実装されています。

　IT部門のCSIRT（Computer Security Incident Response Team）やSOC（Security Operation Center）チームは、セキュリティツールからのアラートや生ログをベースにサイバー攻撃を分析し、対処していますが、経営陣からは、実際に検知された攻撃がグローバルITガバナンスの責任範囲において、どういう影響があったのか把握することが求められます。リスク影響度分析で、リスクがあっても隔離し、是正して、問題ないことが確認できれば、経営陣は安全宣言を発出できますが、多くの企業・組織は、安全宣言の発出が困難な実態に苦しんでいます。

　サイバーハイジーンが実現できなければ、機密情報を保有するIT資産の存在を理解できず、安全宣言も「おそらく問題はなさそうだ」とあいまいなままです。サイバーハイジーンの実現は相応の覚悟が求められ、経営陣の理解と強化に向けた意思決定が重要になりますが、コーポレートガバナンスの一環としてのグローバルITガバナンスの実現においては、避けて通れないセキュリティ施策なのです。

　筆者が支援したある企業・組織で、大変興味深い経験をしました。この企業においてIT部門はサイバーハイジーンの重要性を理解し、施策の実現に向けた戦略と予算を上申したところ、経営陣からリジェクトされてしまいました。そこでコーポレートガバナンスの観点から、グローバルITガバナンスの必要性を丁寧に説明したところ、すんなりと上申が通ったのです。経営陣はコーポレートガバナンスの遵守には、非常に意識が高く、遵守を揺るがすリスクは、徹底して排除したい想

いが強いものです。ただ、コーポレートガバナンスとサイバーハイジーンが紐づかないのです。「見えないものがどれほどのリスクを生むのか」はここまでの説明してきたとおりです。

　ステップ3、4は「サイバー・レジリエンス」（サイバー攻撃に対して求められる耐性力、回復力）の位置づけになります。サイバー防御プロセスはこのサイバーハイジーンとサイバー・レジリエンスが動的かつ緊密に連携することにより、最大のパフォーマンスを発揮することができるのです。そのために重要なのが、「動的なエンドポイント管理」です。

ステップ5：セキュリティ検証の実践手順を理解する
・アセスメントと演習
　ステップ4までは日常的なサイバー防御プロセスであり、組織は常に対応が求められますが、各ステップが有効に機能しているか、過不足があるか、属人的になっていないかなどのアセスメントが必要です。このアセスメントは年次での実施が求められるNIST（National Institute of Standards and Technology：米国立標準技術研究所）のCSF（Cyber Security Framework：サイバーセキュリティ向上のためのフレームワーク）による成熟度アセスメントや、自動車業界であれば自工会／部工会のサイバーセキュリティガイドラインなど、各業種、業態によって対応が求められるアセスメントが存在します。欧米のように、政府に関連する組織に対し強制的な対応と対応不備の罰則がセットになっている厳しいものもあります。

　こうしたアセスメントとは別に、サイバー攻撃演習があります。その最終目的はアセスメントと同じく、自組織のサイバー防御プロセス

の有効性の評価ですが、犯罪者視点から擬似的にサイバー攻撃を仕掛けるという演習です。この演習は、公開サイトや特定システム、ITシステム全体など範囲や演習における攻撃レベルもさまざまです。フィッシングメールを従業員に送付し、その開封率を測る訓練もあります。サイバー演習で最も高度なのが、TLPT（Threat-Led Penetration Testing：脅威ベースのペネトレーションテスト）と呼ばれる、対象組織に実害は与えないものの、その直前まで犯罪者と同じロジックでサイバー攻撃を仕掛け、サイバー防御レベルを測定するものです。一般的な演習は、IT部門が企画し、演習日時なども把握した上で実施されますが、実際のサイバー攻撃はいつ発生するか全くわかりません。このテストは経営陣が意思決定して実施し、IT部門は実施自体を知らされていません。途中まで本当のサイバー攻撃と認識しての対処が求められます。

　TLPTは、ニュースになるようなサイバー攻撃と同様の擬似攻撃を仕掛けられるので、リアルなサイバー防御レベルを認識でき、IT部門として最もレベルの高い演習に該当します。演習の重要性から、各業界団体が一同に集まり、サイバー防御ナレッジを高める取り組みとしては、金融機関を横断して実施している「デルタウォール」やNISC（National center of Incident readiness and Strategy for Cybersecurity：内閣サイバーセキュリティセンター）が、重要インフラ事業者や重要インフラ所轄官庁に実施している演習が有名です。これらの演習には、各企業・組織のCSIRT担当者が出席します。わが国はこのCSIRT間の情報共有やサイバー防御ナレッジの強化を目的とした、日本シーサート協議会の活動も非常に活発です。これらのアセスメントやサイバー攻撃演習を繰り返すことで、ITインフラが守られているのです。

第 8 章　サイバー防御プロセスについて

・包括的なサイバー防御戦略へ

　サイバー防御のプロセスを説明してきましたが、「エンドポイント領域だけでは？」と思われたかもしれません。エンドポイント領域を踏まえ、包括的なサイバー防御プロセスについて説明します。

　サイバー攻撃を予防するサイバーハイジーンですが、施策を実施してもすべてのリスク発生を防止することはできません。サイバーハイジーンを突破した攻撃には、オンプレミスであればゲートウェイ側のセキュリティツール、クラウド側であればクラウド内のツールやサービス基盤で防御します。BEC（Business E-mail Compromise：ビジネスメール詐欺）などのフィッシングや詐欺メールは、最初、ゲートウェイやクラウド側のセキュリティツールやサービスで検知、防御され、すり抜けたメールがエンドポイントに到達します。従業員が添付ファイルをクリックするとマルウェア感染が展開しますが、その時点でサイバーハイジーン施策が徹底していれば、感染には至りません。ウイルスが悪用する脆弱性がないのでソーシャルエンジニアリングなど人間の脆弱性があっても防御することが可能なのです。（図8-1）

　サイバーハイジーンでも防げない未知の脆弱性（ゼロデイ）や、各拠点に設置されているネットワーク機器の脆弱性を犯罪者に悪用されると、攻撃プロセスによってはエンドポイント側のセキュリティを経由せずに、組織の全アクセス情報が保存されているAD（Active Directory）サーバへ、直接アクセスされるケースがあります。こうしたことを考慮して、包括的なセキュリティ防御が重要です。

　ADサーバに到達されると、犯罪者はADサーバの管理者権限（ドメインアドミン）の窃取を試みます。ADが乗っ取られるのは、人間でい

65

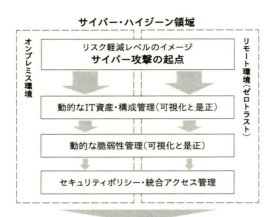
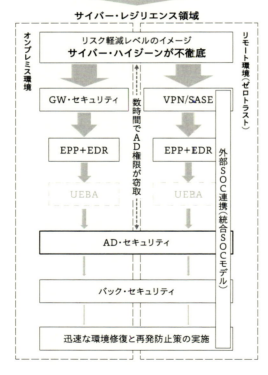

図8-1　サイバー防御プロセスの全体像

えば脳を支配されることで、IT管理者と同様のアクセス権限を犯罪者が持つことになります。ADへの不正アクセスや攻撃を常に監視し防御する「ADセキュリティ監視」が求められます。この領域は、市販のツールによる検知や防御が極めて難しく、外部のセキュリティ専門家によって365日24時間で監視することが一般的です。（筆者の知る限り、ADセキュリティ監視をセキュリティ専門家と連携、対応している組織での突破事例はゼロ）

ADセキュリティ監視が突破されると、犯罪者はターゲット組織のITシステム（インフラ）を掌握します。さらに情報資産（機密情報）を窃取し、身代金の要求をめざして、ITシステムの要となるサーバを破壊し、バックアップに必要となるバックアップデータを暗号化します。

ここで求められるのが「バックアップセキュリティ」です。ADが陥落してドメインアドミンが奪われても、バックアップデータは組織の管理者はもちろん、犯罪者も再暗号化できない仕組みを持つバックアップシステムで最後の砦を守ります。さらにゲートウェイやクラウド、エンドポイント、AD、バックアップシステムが出力するアラートログや生ログを外部専門家によって統合的に24h／365監視する統合SOCと、組織内のCSIRT/SOCが連携する「統合SOCモデル」が求められます。

これらの包括的な防御プロセスは、近年、多面防御（マルチレイヤセキュリティ）といわれています。

昨今のセキュリティのキーワード「DevSecOps（開発＝development、セキュリティ＝security、運用＝operationの略：デブセクオップス）」を、ぜひ覚えておいてください。

多くの企業・組織ではDXの大号令に基づき、内製化のソフトウェア

（アプリケーション）開発が活発になっています。内製ソフトウェアの開発プロセスのスピードは非常に速く、開発部門の最優先事項はソフトウェアのリリースタイミングとなっています。その結果、従来型の「ウォーターフォール型」開発スタイルではなく、「アジャイル型」となり、その開発プロセスの実現に向け、開発（Development）と運用（Operations）を緊密に連携させる「DevOps」が求められます。開発と運用プロセスの連携とは、チーム（組織）の連携を意味し、組織横断的な開発プロセスやチーム連携を目的としたDevOps対応が必須なものとされているのです。

　PC上で通常利用されているソフトウェアに、Microsoft社やAdobe社などの「商用ソフトウェア」であり、「内製化ソフトウェア」とは別個のものです。では「内製化ソフトウェア」には脆弱性が存在しないのでしょうか。近年、内製化ソフトウェアの脆弱性を悪用した攻撃は拡大の一途をたどっているのが実態です。

　グローバル的には内製化ソフトウェアの脆弱性管理を徹底する上で、SBOM（Software Bill of Materials：ソフトウェア部品表、エスボム）による資産／構成管理が、断続的に法令化されている背景があります。したがって、多くの企業・組織においてDevOpsが主流になってきている現在、セキュリティ対策として「DevOps」に「Security」を加えた「DevSecOps」が注目されているのです。DevSecOpsは、開発フェーズからセキュリティ対策を実施して、開発完了時のセキュリティチェックによる手戻りをなくし、リリースタイミングの遅延を防ぎ、リリース後の脆弱性対応の負荷も最小化させます。DevSecOpsを内製化ソフトウェアにとどめず、システム開発を通した企画、設計、開発、運用の全体のライフサイクルを標準（デフォルト）対応する考え方は

第 8 章　サイバー防御プロセスについて

「セキュア・バイ・デザイン」、「セキュア・バイ・デフォルト」という
キーワードでも表現されます。包括的なサーバーセキュリティ対策を
「シフトレフトの原則」（セキュリティ対策やテストを通常より前倒し
すること）に則って進めるには、サイバーハイジーンこそが最重要で
あると確信します。

第9章

グローバル組織の
ベストプラクティスに学ぶ

9-1 グローバル組織のサイバーセキュリティ

　本章では、Fortune 100などのグローバルを代表する先進的な大規模組織や、国防関連機関の取り組み事例をベースに、深掘りした内容を説明してきます。

　どの分野でも、新しい取り組みを行う時は、その分野で成功し、実現している事例（ユースケース）をまず参照されるのではないでしょうか。サイバーセキュリティも同様に、先進的なグローバルの大規模組織や国防機関の取り組みが、最も参照すべきベストプラクティスになります。参照しながら、自組織にそのプラクティスをフルに適用していくことが、サイバーセキュリティを高度化する近道になると断言します。

　「自己流のサイバーセキュリティ」には脆弱性も多く、犯罪者につける隙を与えるので、企業規模にかかわらず、絶対に避けなければなりません。自組織が取り組んでいる施策が本当に正しいかどうかの判

断基準の一つとして、サイバーセキュリティに詳しくない経営者が、取り組んでいる（あるいは取り組もうとしている）施策に納得できるかが重要です。

9-2 ベストプラクティスの積極的活用

　私ごとですが、このベストプラクティスを活用する考え方の重要性を確信することになった契機を紹介します。長野にあるホテル業界の雄として、世界的にも名高い「星野リゾート」という企業があります。筆者は幼少期、前身の「星野温泉」に、秋の収穫が終わり冬の訪れる前、両親の農作業仲間の慰労会として何度か伺ったことがあります。それ故、勝手ながら、星野リゾートの躍進や活躍は、同郷の出身者として関心があり、代表の星野佳路氏の書籍はすべて読破するほど、事業戦略に関心を持っています。星野代表の本を10年ほど前に初めて読んだ時は、目が飛び出るほどの衝撃を受けたことを覚えています。星野代表の執筆ではありませんが、『星野リゾートの教科書　サービスと利益両立の法則』（中沢康彦著）という本は何十回も読み返しています。「100％教科書通り」の経営が会社を強くするという星野代表の考えを訴求する内容です。

　星野リゾートはホテル業界に限らず、その事業戦略や成功事例（ベストプラクティス）を多くの他社が参考にしています。想像を絶する競合の数や、少子高齢化の時代を迎え、顧客ニーズも常に変化し、そして高級旅館が敬遠されやすい領域において、コロナ禍の期間を除けば常に成長し続け、顧客満足度評価でも国内トップを獲得した実績もあります。そうした状況下で星野代表は、愚直に、「100％教科書通りに経営戦略を立案し実行している」と述べているのです。

9-3「科学と理論」に基づく教科書

「教科書」は専門家が長期にわたり当該分野を分析し、研究した「科学と理論」の集合体です。例えば行動経済学ではダン・アリエリー（『予想どおりに不合理』著者）、シーナ・アイエンガー（『選択の科学』著者）、ブランド戦略ではデビット・アーカー（『ブランド論』著者）などが著名で、筆者は専門外ですが、興味があってひと通り読みました。どの教科書を参照するかという眼力が経営者に求められているのは、言うまでもありません。企業経営は競合動向、マーケット動向など不確実要素が圧倒的に多く、「教科書などは役に立たない」とされることも多いかと思いますが、星野代表は、実直に教科書に基づいた経営戦略を策定し、また見直して実行することで事業を成功に導き、さらに成功をもとに事業拡大を続けています。

9-4 教科書的アプローチの重要性

サイバーセキュリティ分野はどうでしょうか。サイバーセキュリティの世界にも星野代表が事業の礎としているような「教科書」が存在します。

企業経営に比べ、サイバーセキュリティは、不確実性も限定的で、「サイバーセキュリティの教科書」は組織規模にかかわらず必ず参照すべきであると考えます。グローバルの大規模組織や国防機関が参照し、活用している教科書があります。これは先進諸外国の政府機関、セキュリティ関係機関が長期にわたり研究・分析し、極めて実践的な科学と理論に整理されています。企業経営でもそうであるように、技術（ツールやサービス）やトレンド、経験値だけに依存しないことがポイントとなっています。

第 9 章　グローバル組織のベストプラクティスに学ぶ

　経営サイドにとっては、攻撃によるインパクトのホラーストーリーや対応する技術、トレンドに話題のフォーカスが当たり、専門的な経験値がないと運用できないのではという不安があります。新しいサイバー攻撃が生じると、セキュリティ部門は対応した技術（ツールやサービス）をトレンドに基づいて上申し、経営陣はいつまでも「モグラ叩きが終わらない」状況にフラストレーションを抱えます。最も大きなリスクは、結果的に上申を決済せざるを得ない状況に追い込まれ、本来もっと重要なセキュリティ施策を見逃してしまうことです。

　犯罪者から日々熾烈なサイバー攻撃を受けて、防御し続けているグローバルの大規模組織や国防機関が準拠する「教科書」を活用することは、サイバーセキュリティの高度化に向けた最短の道となります。筆者が支援している国内のさまざまなユーザーは、「教科書」を積極的に活用しています。サイバーセキュリティは専門用語が多く読み取りづらいですが、原理・原則がシンプルで、無償公開されている「教科書」を使わない手はないと思います。また「教科書」は日々の研究や分析から、常にブラッシュアップされており、最先端のサイバーセキュリティの集合体でもあります。「科学と理論」が整理されたサイバーセキュリティの代表的な「教科書」はどのようなものか、深掘りしていきましょう。

9-5 NIST CSFという教科書

　「サイバーセキュリティの教科書」として筆頭に位置付けられるのは、NIST（National Institute of Standards and Technology：米国立標準技術研究所）が策定しているCSF（Cyber Security Framework：サイバーセキュリティフレームワーク）です。元来は私たちの生活に

直結する事業体（電気、ガス、水道、流逄、金融、防衛等）などの重要インフラ事業者向けのセキュリティフレームワークですが、昨今は、グローバルの大規模組織や国防機関の中核になるフレームワークとして活用されています。

　NIST CSFは活用する組織のセキュリティ成熟度を分析する上で、5つの「コア」（Core：サイバーセキュリティ対策の一覧）と呼ばれるステップを定義し、各コアに基づいた管理レベルを4つの「ティア」（Tier：対策を数値化し、組織を評価する基準）というステップで整理し、「コア」と「ティア」のAs-Is（現状）とTo-Be（あるべき姿）を「プロファイル」（Profile：サイバーセキュリティ対策をまとめたもの）という形で評価します。

　米国では50％以上の組織が採用し、わが国も大手企業を中心に33％以上の採用が進むなど、セキュリティ教科書としては最も活用されています。またCSFをベースに、より具体的なサイバーセキュリティの管理手法を定めた「SP800シリーズ」という教科書も活用されています。

　NIST CSFと同レベルの教科書が、米国CIS（Center for Internet Security）が策定している「CISコントロールズ」です。CISは、米国国家安全保障局（NSA）、国防情報システム局（DISA）、米国立標準技術研究所（NIST）などの政府機関と企業、学術機関などが協力して設立した団体で、セキュリティ対策を高度化するために実施すべき施策が整理されています。あらゆるサイバーセキュリティ施策の中で、最優先に取り組むべきなのがサイバーハイジーンであると定義しています。
　サイバーハイジーンの重要性は、グコーバルを代表する教科書によっ

第9章　グローバル組織のベストプラクティスに学ぶ

て裏付けられ、グローバル大規模組織や国防機関は実直に、教科書通りの施策に取り組んでいます。

9-6 CDM（継続的なリスクの診断と緩和策）

　教科書そのものではありませんが、米国土安全保障省（CISA：Certified Information Systems Auditor）が米国の連邦機関に対して義務化しているCDM（Continuous Diagnostics and Mitigation：継続的なリスクの診断と緩和策）を取り上げます。CDMは教科書で重要性が定義されているサイバーハイジーンを組織が実装し、有効に働いているかを管理（モニタリング）し、CISAが常に全体を監視できることを目的としています。企業・組織の本部が、ガバナンス範囲全体の実態を把握し続ける、グローバルITガバナンスと同一の考え方といえます。

　この考え方はわが国のデジタル庁が定めたCRSA（Continuous Risk Scoring and Action：常時リスク診断と対処）も同様で、教科書に則った施策を打ち、その実態についてガバナンス責任を持つ本部が、常時、管理・監督し続けるというものです。施策状況を一元的に可視化するセキュリティダッシュボードや、ガバナンスダッシュボードにも積極的に取り組んでいます。経営陣はこのセキュリティダッシュボードやガバナンスダッシュボードを見れば、グローバル全体のサイバーハイジーンの進捗が即座に理解でき、サイバーセキュリティリスクの未然の把握状況や、発生したリスクの最小化に向けた実態を、その都度、セキュリティ部門に確認することなく、ゴルフをしながらスマホで把握することも可能な時代なのです。

75

9-7 NIST CSFを用いたセキュリティ実態分析

「サイバーセキュリティの教科書」としてトップに位置付けられるNIST CSFを踏まえて、国内の大規模組織におけるセキュリティ施策の実態を紐解きたいと思います。

NIST CSFのコア（Core：サイバーセキュリティ対策の一覧）は「特定・防御・検知・対応・復旧」の5つの機能で定義されています、予定されているバージョンアップ（ver2.0）では「統治＝ガバナンス」という機能が「特定」の前に設定されます。つまりITガバナンス（グローバルITガバナンス）が教科書に定義されるわけです。これらの機能を、エンドポイント（PCやサーバ）に絞って分析しています。

NIST CSFを参照する大前提に、シフトレフトの考え方があります。シフトレフトは、「特定」と「防御」の施策を最優先に設定しています。中でも優先度の高い要件が、全IT資産の可視化です。「見えないものは守れない」と述べた通り、管理対象のIT資産が不明では、セキュリティ施策もスタートできません。具体的にはハードウェア資産、ソフトウェア資産であり、このハードとソフトに守るべき情報資産が保存されています。情報漏えいを防ぐには、IT資産を可視化し、保存されている情報資産を可視化（特定・識別）する必要があります。国内の大手企業の平均値として、非管理のPCやサーバが20％も存在しています。「見えないものは守りようがない」という状態といえます。

NIST CSFは全IT資産の特定・識別を徹底的に実施し、非管理端末を撲滅し、資産管理台帳を随時、最新化するよう示唆しています。特定・防御の領域はサイバーハイジーン業務そのものと考えると、イメージしやすいかもしれません。火災に例えれば、ボヤが発生する火種を未然に防ぐという考え方でもあります。

第 9 章　グローバル組織のベストプラクティスに学ぶ

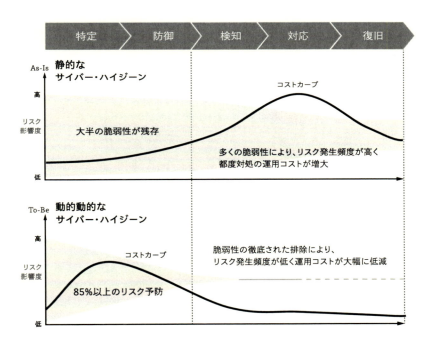

図9-1　NIST CSFとサイバーハイジーンのコスト分析

9-8 脆弱性の管理基準、管理項目

　全IT資産が特定・識別されると、「見えないものは守れない」状況は打開されるので、そのIT資産が持つ脆弱性を可視化（特定・識別）し、その脆弱性に対して、組織が定めた脆弱性管理基準に基づき、是正することが求められます。具体的な脆弱性管理項目は、利用しているOSやアプリケーションの脆弱性の対処（パッチ適用やバージョンアップ）、組織が定めるセキュリティポリシーの適用状態の可視化と対処、IPAやJPCERT/CCなどの公的機関が発信するCVEの可視化と対処が一般的です。最近はサプライチェーンやサードバーティリスク対応として、SBOM（ソフトウェア部品管理表）の脆弱性や証明書など多様で多岐にわたりますが、よく耳にする項目を挙げてみました。

　日本の大手企業における実情は、NIST も再三重要性に言及している脆弱性管理項目の一つとしてのパッチ適用においても、100％適用は夢のまた夢という状況です。タニウムの実測データでも100％適用ができていない組織は40％以上に上ります。

9-9 検知・対応・復旧のエンドポイント対策

　検知・対応・復旧はイメージしやすい機能かと思います。検知・対応はエンドポイント領域では、旧来から利用率が高いウイルス対策製品（EPP）やその機能を拡張・高度化したEDR、EPPとEDRを融合したXDRなどのツール利用が活発です。サイバーハイジーン領域で予防できなかった攻撃（ゼロディ含む）を、ツールによってリアルタイムに検知し、防御する仕組みです。インターネットゲートウェイやクラウド領域では、ファイアウォールや次世代ファイアウォール（NGFW）、IPS/IDS、Sandbox、URLフィルタやスパムフィルタ、最近ではDLP

（Data Loss Prevention：データを特定し、常時、監視・保護する）
やNDR（Network Detection and Response：ネットワークを包括的
に監視し、脅威の検知、対処を実行する）などの製品もリリースされ
ています。こうした防御ツールを活用して攻撃を検知し、検知結果が
アラート出力されると、CSIRT/SOCチームが分析し、結果に対して対
処策を立案し、対処するという一連のプロセスが「検知・対応・復旧」
で要求される代表的な機能です。これらの機能はサイバーハイジーン
に対してサイバー・レジリエンスとも呼ばれます。火災における「減
災」に例えるとわかりやすいでしょう。火災が発生しようとしている時、
ボヤの段階でいち早く消火活動を完了させる「減災作業」は重要です。

9-10 日本企業における運用の困難性

　このシンプルな5つの機能を実現しようとすると、多くの企業・組織
が運用という大きな壁にぶつかります。例えば、組織に非管理端末は
一体何台あるのか把握する業務を考えると、その運用は困難を極めま
す。非管理端末がネットワークに存在するか否かを調査するツール（ソ
フトウェアやハードウェア）を導入して実行すると、そのツールを利
用した範囲は可視化しますが、大規模組織では、そのネットワークが
膨大なものになります。ネットワークが100カ所であれば、担当者は
その業務を100回実施しなければなりません。物理的に調査するネッ
トワークは異なるので、昨日は千代田区、今日は練馬区、翌日はさい
たま市と股旅状態です。1日に1回調査ができたとして（IT担当者は日々
膨大な業務を抱えているので、非管理端末調査に多くの業務工数を割
けない）、完了までに100日程度はかかります。しかも可視化された非
管理端末は不正に持ち込まれたものか、部署が勝手に購入したものか
の識別も困難です。調査の時間帯でも、精度が極端に変動します。朝

一か、昼時間か、夕方か、社員の出社状況も昨今はバラバラです。

こうした個別事情に対応するうちに致命的な問題が発生します。調査初期の結果は、データ鮮度を失くしてほとんど意味を持たなくなってしまうということです。骨の折れる作業を実施しても、調査が終わる100日後には、100日前のデータは無価値となってしまうのです。

9-11 サイバーハイジーンの特定・防御領域

サイバーハイジーンで最も重要とされる非管理端末の可視化と是正の業務を例に取りましたが、IT運用者は日々、数十、数百の業務をこなさなければならないので、NIST CSFの教科書が重要といっても、現実的には運用できません。いつまでも非管理端末は撲滅されず、犯罪者からみればヨダレが出る脆弱性が、組織が大きくなるほど増加し、ふんだんに転がっているわけです。

国内の大手企業における非管理端末率は20％が平均です。少し深刻なポイントを指摘すると、多くの企業・組織が半期や1年に1回、資産の棚卸しを実施していますが、そもそも非管理端末の実態を把握できなければ、正確な資産管理はできません。正確な資産管理ができなければ、IT投資におけるROIやTCOの計測もできません。IT投資の不正確性やサイバー事案化など、さまざまな問題発生の元凶にもなります。

年度末に差し掛かると「IT予算が余ったから別のツール導入やサービスを購入する」という興味深い事象もよく耳にします。これはCIOから見ると、当初計画したIT投資の経済合理性を定量的に把握できていないという大変深刻な状況です。計画当初のIT投資がROIを向上させたのか、TCOを削減させたのか評価できていない「どんぶり勘定」の現象です。IT投資の原点となる資産管理が正確に実現されていない

第9章　グローバル組織のベストプラクティスに学ぶ

ので、予算が余ることや足りなくなることが起きます。「見えないものは守れない」のはサイバーだけでなく、IT投資においても、さまざまな弊害をもたらします。正確なIT資産管理こそが正確な構成管理や脆弱性管理を実現し、サイバーハイジーンの実現を可能にするのです。

9-12 NIST CSF活用を失敗させないために

　NIST CSFは、サイバーセキュリティにフォーカスしたフレームワークですが、正確に実施できると、サイバーセキュリティの高度化はもちろん、IT業務の効率化や正確性を向上し、IT投資の経済的合理性を正しく導くことにつながります。NIST CSFという教科書は、多くの先進的なグローバル組織がデフォルトで活用しています。

　活用の際は、NIST CSFが持つ「サイバーハイジーン（特定・防御）×サイバー・レジリエンス（検知・対応・復旧）」が要求する5つの機能と、それらを運用していくために具体的な要件に落とし込んだ検討が必要です。

　NIST CSFを活用しはじめたのに、要求機能の評価を机上だけで終わらせてしまい、実際の運用要件まで落としこまないケースがあります。教科書に実直に則って、成熟度を評価し、自組織における過不足を評価した上で、日々の実運用まで検討を落とし込むことが重要です。

　NIST CSFの取り組みは、「セキュリティ災害」の「防災×減災」と捉えれば、難しくない、極めて理論的な「教科書」と考えることができます。教科書に沿って自組織のサイバーセキュリティの成熟度を評価し、現状のAs-Isと、めざすべきTo-Beを整理し、経営から現場チームの共通言語として、実態を理解し合うことが極めて重要です。

81

9-13 教科書とセキュリティ部門の心理

　教科書の考え方や理論をトップダウンでセキュリティ部門に落とすと、担当者から反発を受けることがあります。これはセキュリティ担当者が良い意味でプライドを持っていることから来ますが、悪い意味では自己流で長年セキュリティ対策に携わってきて視野が狭くなっているのかもしれません。唐突に教科書的アプローチを進めようとすると、今まで培ってきた対策や対応を否定されたように感じ、不足部分の指摘などは特に嫌う傾向があります。反発は出なくとも、ポジティブな反応を示さないことも往々にあります。

　国内のセキュリティ部門は、経営陣から「セキュリティ投資はコスト」といわれ続け、一方、実際にサイバー事案が発生すると、毎回責任追及を受けるなど、大変厳しい状況下で業務を遂行しています。いわば、背水の陣のような状況で毎日の激務をこなしているわけです。しかもサイバー事案が発生し、業務停止となった際は、地震や火災と同じインパクトを受けてしまいます。セキュリティ部門は日々、相当なプレッシャーを抱え防御施策を実行しています。業務停止を最短で抑えても、誰からも評価されないという実態もあります。火災は、外部の消防署が対応してくれますが、火災によって業務が停止した場合、消火方法が悪いと消防署の責任を追及することができるでしょうか。

9-14 セキュリティ部門への望ましい伝達

　このような状況下では、教科書の活用が、セキュリティ部門の「あらを探す」ような捉え方をされてしまうことがあります。経営陣の皆さまは、教科書の効能や価値、重要性について理解を深化されている

と考えます。その重要性や価値について、「グローバルサプライチェーン中で活動する際の通行証として、経営陣としても対応が求められる」というような高い視座からのメッセージを、セキュリティ部門のメンバーへ届けてもらいたいと思います。

　教科書によって可視化された実態について、仮にNIST CSFであれば、要求機能の多くが充足していなくても、「なぜ対応してなかったのか?」と追及するのではなく、「充足していない要求機能の対応に向けた計画立案や、必要に応じた投資計画の提出を」という提案にメッセージを変えるのが望ましいと思います。セキュリティ部門が日々、縁の下の力持ちになり、背水の陣の覚悟で業務に当たっている状況を踏まえ、新たな戦略を提示してもらいたいと思います。

9-15 「動的な運用」によるコスト効果とリスク抑制

　NIST CSFとサイバーハイジーンのコスト効果の関連性について説明します。

　NIST CSFが要求する機能の中で、最も優先度が高いのは特定・防御の領域と述べましたが、少し触れた「シフトレフト」という考え方で、諸外国のセキュリティ関連のフレームワークやガイドラインを読み解く上で、大変重要なポイントとなります。すべてのセキュリティ施策の優先度は、左側が最優先になるという考え方で、NIST CSFにおいては「特定・防御」となり、この領域はサイバーハイジーンが該当します。

　サイバーハイジーンを「静的に運用」しているか、「動的に運用」しているかによって、リスク発生を誘発する脆弱性レベルが変化し、結果的にサイバーセキュリティ対策で最もコストがかかる「検知・対応・

復旧（サイバー・レジリエンス）」のコスト変化イメージを示すことが可能です。

　多くの大規模組織は静的な運用に該当します。IT資産管理では、端末台数の把握が年に1〜2回、棚卸しのタイミングのみなどのケースです。動的な運用の場合は、組織が保有する端末台数を常に把握していて、調べたいタイミングですぐに正確な台数を把握できます。静的な場合は、非管理端末の把握も困難で、管理対象となる端末台数も不正確です。不正確な端末台数に対して脆弱性管理を実施しても、不正確な脆弱性管理しかできません。その結果、不正確な業務の累積によって、リスク発生要因の脆弱性に対処することができず、セキュリティ防御プロセスが、後段の検知・対応・復旧に委ねられます。脆弱性が対処されていないので、常にサイバー攻撃を検知、防御、分析し続けなければならず、業務負荷が向上し、コスト増加につながります。

　サイバーセキュリティのTCO削減をめざすのなら、リスク発生要因となる脆弱性を徹底的に排除する「動的なサイバーハイジーン」が必須であり、NIST CSFが示す特定・防御のプロセスの動的な運用が要になります。後段プロセスの運用負荷が軽減し、リスクが発生しても件数は劇的に削減され、発生したリスクの最小化が容易となり、サイバー事案の発生を抑制することになります。

第 **10** 章

サプライチェーンリスクを考察する

10-1 サプライチェーン攻撃の現状と課題

　2023年は、大規模組織におけるサイバー事案には、サプライチェーンが絡むことが数多く発生しました。サプライチェーン経由によるサイバー攻撃の防御は、サイバー防御プロセスの中でも、最も難しいものです。その要因は大きく二つあります。

　一つ目は、サプライチェーンを本部（本社）が使用するセキュリティシステムで直接的に管理することが極めて難しいという点です。最近はサプライチェーン攻撃の増加で、本部からサプライチェーンに対し、対応すべきセキュリティ方針やガイドラインが公開され、方針やガイドラインへの準拠について、内容を理解し対応できているかを確認するために、チェックシートで定期的に報告を求めるケースも増えています。

　現実問題として、日々の業務で忙殺されるサプライチェーン（小規模な組織が圧倒的）は、重要性や必要性を理解しても、セキュリティ

第10章 サプライチェーンリスクを考察する

対策の投資も限定的で形骸化しがちです。サプライチェーンの現場は、本部のガイドラインで「資産管理を徹底し、パッチ適用を確実に実施する」という要求があっても、資産管理のツールも持たず、パッチ適用もスタッフ任せでモニタリングすらできていないのが実情です。サプライチェーンと本部は業務ネットワークでつながっているのが一般的で、サプライチェーンの非管理サーバの脆弱性を犯罪者が狙い、不正アクセスを成立させ、最終的には本社の基幹システムへ到達します。そこからのプロセスは前述したように、ランサムウェアが感染拡散していくわけです。

10-2 IT管理プラットフォームの脆弱性

二つ目は、米国政府も利用していたIT管理機能を提供するプラットフォーマー（サードパーティ）の脆弱性を犯罪者が狙い、プラットフォームを使っているすべてのサプライチェーンユーザーが一斉に攻撃されることです。犯罪者の視点からは、極めて効率的にサイバー攻撃を仕掛けることができ、投資対効果も数多いサイバー攻撃の中でトップに位置付けられます。

10-3 サプライチェーンリスクを削減するために

サプライチェーンに対する攻撃は、本社側で防御することが極めて難しいものです。近年の主な公開事例は次のようなものです。

・2019年、重電機メーカー下請けの中国の関係会社が攻撃を受け、防衛関連情報が漏えい
・2020年、米国のIT管理プラットフォーマーA社が提供するIT管理

87

製品が攻撃を受け、約18,000社に被害

・2021年、米国のIT管理プラットフォーマーB社が提供するIT管理
システムが攻撃を受け、約1,500社に被害

・2022年、自動車メーカーの下請けの部品工場が攻撃を受け、生産
ラインが一時停止

　サプライチェーンのリスクは、サードパーティリスクと同義で、極めて「アンコントローラブル」のサイバー攻撃といえます。サプライチェーンリスクを減らすために、先進的なグローバル組織が取り組んでいる戦略は、サプライチェーンを「短く、小さく、少なく」することです。“アンコントローラブル”なサプライチェーンが全世界に広がる中で、本部によるセキュリティ管理を実現するには、管理対象をどこまで絞れるかがキーになります。100カ所と1カ所ならば、当然、1カ所の方が管理も容易で、きめ細やかで正確な管理が可能です。これはグローバルITガバナンスの実現に向けたTo-Be像においても重要なポイントになります。

10-4 サプライチェーンの構成要素

　サプライチェーンの構成要素については、ここではサイバーにフォーカスした、サイバー・サプライチェーンついて見ていきます。

　自組織の業務にかかわる国内、海外を含めた物理的なサプライチェーン、つまりサプライチェーン「拠点」には、日々の運用業務で利用するIT資産（PCやサーバ、モバイルデバイス、ネットワークデバイス）が存在し、それらのマルチデバイスにはOSが稼働し、OSにはさまざまなアプリケーションがインストールされています。それらのアプリケーションには、業務で利用するさまざまな情報資産（データ）が保

第 10 章 サプライチェーンリスクを考察する

存されています。これらのデバイス、OS、アプリケーション（ライセンス購入した商用版のプロプライエタリや、各組織が内製化で利用するオープンソース）に脆弱性が存在し、リスク発生の元凶になるのです。これらのデバイス、OS、アプリケーション（データ）は、オンプレミス環境の利用やリモート環境（在宅や営業車内、カフェ）などの「ハイブリッド環境」でごく普通に利用されています。

10-5 サイバー攻撃とアタックサーフェス

最近「アタックサーフェスマネジメント」というキーワードもよく聞かれるようになりました。犯罪者からみて、サイバー攻撃の対象はアタックサーフェスであり、これは公開されているWebサーバやサービスなど「エクスターナル（外部）」のアタックサーフェスと、前述のデバイスやOSなどの「インターナル（内部）」のアタックサーフェスに大別されます。つまりアタックサーフェスは、サイバー・サプライチェーン構成要素そのものなのです。サプライチェーンのセキュリティとは、アタックサーフェスマネジメントであり、その業務はサイバーハイジーンやサイバー・レジリエンスによって実現されますが、管理対象が非常に広く深いので、動的な展開ができないと、数カ月経っても構成要素の一つさえ可視化できない状況にも発展します。それはサプライチェーンが起因するリスクを誘発し、犯罪組織が真っ先に狙うターゲットになります。

10-6 アタックサーフェスとSBOM脆弱性

商用版や内製化版のアプリケーション（サービス）に潜む脆弱性の中で、ここ数年最もリスクが高いのがSBOM（ソフトウェア部品管理

89

表）脆弱性です。「Log4j」というワードを聞かれたことがあるのではないでしょうか。Javaの脆弱性を指しますが、多くの商用版や内製化版のアプリケーションでは、Javaが多用されています。Javaの脆弱性に代表されるSBOM脆弱性は、簡単に見つけ出すことができません。EUでは2025年に向けて、サイバーレジリエンス法の制定が議論され、このSBOM脆弱性対応も法令化される見込みです。それほどサプライチェーンリスク（＝サードパーティリスク）の中でSBOMの脆弱性は危険度が高く、その影響は図りしれません。先述のIT管理プラットフォーマーA社の事案は、米国連邦政府を中心とした約18,000社にインパクトを与えました。犯罪者にとってこれほど投資対効果が高い攻撃は、筆者も初めての経験です。

10-7 リスクがないことの証明と報告期限

　サイバー・サプライチェーンのリスクは、そのインパクトが非常に大きいので、事後対処でなく未然対処の視点が重要です。まずサイバー・サプライチェーンのセキュリティ対策は、IT資産を可視化し、その上で脆弱性（セキュリティ関連機関が公開するSBOM脆弱性など）を可視化し是正する動的なサイバーハイジーンが要となります。将来的には、サイバー・サプライチェーンのリスク対応も、報告期限が切られ、対応できない際にペナルティが課される可能性も出てくるでしょう。もし深刻なSBOM脆弱性が公開された場合、経営のトップダウンで、即座に当該脆弱性について、本社、国内外のグループ、製造拠点、サプライチェーンの全拠点を網羅した可視化を実現することができるでしょう？グローバルサプライチェーンで業務することが当たり前になっている昨今、取引先から調査依頼が入るケースも考えられます。そのポイントは脆弱性が「ないことの証明」が求められる点です。な

いことの証明も、報告期限が切られることが、先進諸外国では当たり前になってきていることも、経営陣の皆さまには覚えておいてもらいたいです。

10-8 セキュリティ・クリアランスとは？

　2022年に成立した経済安全保障推進法から話をはじめます。経済安全保障推進法の目的は、平和と安全、経済的な繁栄等の国益を経済上の措置を通じて確保することと定義されています。それを踏まえ2023年に入り、内閣官房の経済安全保障分野におけるセキュリティ・クリアランス制度等に関する有識者会議が開かれ、「セキュリティ・クリアランス（適格性評価）とIT資産管理が緊密に連携する」ことになりました。

　簡単にいえばセキュリティ・クリアランスとは、国家が機密情報として定義した情報資産に対して、政府職員や民間人ら当該情報の機密レベルに応じたアクセス権限を付与する制度です。当時の経済安全保障相は、安全保障上の機密を扱う人を認定するセキュリティ・クリアランス制度における罰則ルールを言及しました。情報漏えいが発覚した場合には「懲役10年以下程度の罰則が必要」とコメントしています。

10-9 セキュリティ・クリアランスの国際的調和

　セキュリティ・クリアランス制度についてはファイブ・アイズの取り組みが参考になります。映画では「エシュロン」などの通信傍受網が取り上げられています。エシュロンで共有される情報資産に対するアクセス権限と、定めたルールを破った政府職員や民間人は厳罰に処するという制度でもあります。日本政府もこのファイブ・アイズの枠

組みに参加する動きがあるようですが、参加する場合は、ファイブ・アイズと同様のセキュリティ・クリアランスを実現しなければなりません。このセキュリティ・クリアランスで守られるのは情報資産（機密情報）であり、これらの情報資産はIT資産に保存されています。情報資産は必ず物理的デバイスに保存されているので、情報資産を管理するにはIT資産管理が必要となるのです。

10-10 IT資産管理の動的対応と経済安全保障

　経済安全保障の要となるセキュリティ・クリアランスを実現する上で、IT資産管理は切っても切れない関係性を持ちます。情報漏えいに罰則を規定する場合、トレース（調査）可能な前提の情報資産が、どのIT資産に保存・管理され、誰が、いつ、どこで、どのIT資産を使い、どの情報資産を持ち出したのかを時系列で定量的に証明できないと、罰則規定が形骸化してしまいます。守るべき情報資産の可視化と機密レベルの定義から、それを扱う人のバックグランドチェック、情報資産を取り扱うITデバイスの識別、その上で厳格なアクセス権限を付与し、これらを常に管理者がモニタリングできる体制が求められます。そこから経済安全保障とIT資産管理は緊密な関係といわれるのです。

　最近、国内の大手企業では、IT資産管理の見直しプロジェクトが活発です。これはサイバーセキュリティや情報セキュリティの観点だけでなく、IT業務の効率化によるTCO削減やROIの向上、また軍事に関連する組織であればセキュリティ・クリアランス制度への対応を見据え、すべてのカテゴリにおいて動的なIT資産（構成）管理が必須要件となり、今までの不正確な情報しか管理できなかった静的なIT資産（構成）管理を、根本的に見直す必要があるからです。

第11章

サイバーセキュリティの KPIとKRI

1-1 サイバーセキュリティにおけるKPI

　多くの企業・組織では、さまざまな領域でKPIが設定されていると思います。ゴール（KGI：Key Goal Indicator）に向けたプロセスにおける業務管理上の評価指標がKPIになります。さまざまな分野で活用されていますが、サイバーセキュリティとなると、設定している企業・組織は、筆者の感覚では、数%程度と推察されます。

　例えば事業継続計画（BCP：Business Continuity Planning）を踏まえ、最近はIT-BCPを策定する組織が増えていますが、サイバー攻撃による事業停止（業務中断）を想定した場合、事業復旧に向けた目標復旧時間（RTO：Recovery time objective）が設定されます。目標復旧時間の設定によって、目標復旧時点（RPO：Recovery Point Objective）や目標復旧レベル（RLO：Recovery Level Objective）も同時に設定されます。サイバーの世界では、ここからもう一歩踏み込んだKPIの設定が求められます。

11-2 サイバーセキュリティKPIとIT-BCP

　サイバー攻撃をCSIRT/SOCなどのチームが認知したタイミングと、認知から攻撃を防御し、マルウェア感染等で環境が汚染、破壊された場合に、それを復旧し、サイバー攻撃を受ける前の可用性レベルまで戻すタイミングを設定する必要があります。サイバー攻撃を認知したタイミングをMTTI（Mean Time To Investigate）、完全復旧したタイミングをMTTC（Mean Total Time to Contain）としてサイバーセキュリティKPIを設定します。

　図11-1のように、内閣サイバーセキュリティセンター（NISC）が重要インフラ事業者に対して指示している「重要インフラにおける情報セキュリティ確保に係る　　安全基準等策定指針（第5版）」から引用すると、サイバーセキュリティKPIと、RPOやRTOIが相関していることがわかります。この図はNIST　CSFをマッピングすると、サイバーセキュリティKPIの位置付けや意味合いが明確になります。

　IT-BCPを定めることは、サイバーセキュリティの高度化においては必須要件となりますが、サイバーセキュリティKPIを同時に設定しないと、サイバー攻撃時のインパクトに対する対処業務の時間が設定されず、絵に描いた餅になってしまいます。

11-3 KPIの設定と業務の実際

　グローバル組織を中心にサイバーセキュリティKPIの検討が進んでいるポイントとして、サイバー攻撃による"事業停止"に対し、IT-BCPによって設定される目標復旧時間（RTO）について、各IT / Sec運用

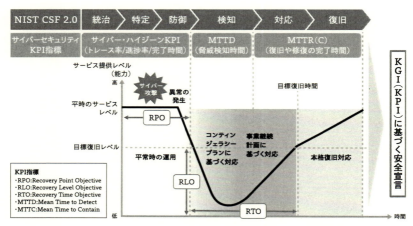

図11-1　サイバーセキュリティKPIの位置付け

第 11 章　サイバーセキュリティの KPI と KRI

業務を滞りなく実現することを重要視している点が挙げられます。そのため、NIST CSF の各要求機能に対しては、詳細な KPI の設定が求められるようになってきています。

　例えば昨今のランサムウェアが悪用する Office のマクロについて、従業員が不正な添付ファイルを開いて感染のトリガーとなることを阻止する目的で、「マクロの設定はグローバルで無効化しなければならない」というセキュリティポリシーが設定されます。そのポリシーが、正しく適用されているか、本社が全世界の全数端末に対して 5 分以内に可視化し、不備が 1,000 台あれば、1,000 台について 5 分以内にマクロの設定を無効化するといった対処が求められます。こうした「100 ％の網羅性と 5 分以内の対処」がセキュリティ業務における一つの KPI になるわけです。実際には、セキュリティ業務は数十、数百とあり、主要な業務におけるサイバーセキュリティ KPI の累積した結果が、IT-BCP の遂行に直結します。

　もちろん、闇雲に KPI を設定しても、各種業務の可視化と是正が本社によって集中的に管理できなければ、サイバーセキュリティ KPI が機能しません。KPI の設定については、現場チームが率先することは、業務負荷を著しく高めることもあり、踏み込めない実情もあるようです。

11-4 サイバーセキュリティKPIへの理解

　経営陣においては、サイバーセキュリティ KPI の重要性を認識し、運用に向けたツール投入などへの理解を持つことが求められます。サイバーセキュリティ KPI を踏まえた運用業務において、導入されている既存のツールは、順応できるテクノロジーが不足しており、セキュ

97

リティ部門にはサイバーセキュリティKPIを定めたくても定められないジレンマがあります。（解決方法は第13章参照）

　サイバーセキュリティKPIは、サイバー攻撃を認知した時点の報告期限を設けた場合、その報告期限もKPIとして設定します。報告期限に対応しようとした場合、サイバーセキュリティKPIが各業務項目で設定されていないと、報告期限も守れないという側面もあります。

第 **12** 章

ITイノベーションに向けた ITインフラ

12-1 脱オンプレミス戦略の実践と課題

　本章では、多くの企業・組織が中期経営計画等で提言しているITイノベーションやDXに向けたITインフラの取り組みについて、最新トレンドを深掘りしていきます。

　経営陣の皆さまとのワークショップで「ITイノベーションやDXの実現に向けて、ITインフラをどのように考えていくか」について議論すると、不思議なほど同じ話題がクローズアップされます。それが「脱オンプレミス戦略」です。

　ITイノベーションの実現の前提として、ITインフラ投資をいたずらに増やすことはできないので、投資の圧縮や最適化を図りつつ、ITインフラを利用する従業員やユーザーの利便性や満足度の向上を同時に図りたいという要望をよく耳にします。

　クラウド・バイ・デフォルトが政府からも積極的には発信される昨今、脱オンプレミス戦略では、既存のオンプレミス環境に存在するサーバリソースや、業務アプリケーション等をクラウド（SaaS）に全面的に

第 12 章　ITイノベーションに向けたITインフラ

シフトし、既存のイントラネットワーク環境も排除して、オフィスか
らでも自宅やリモートからでも自由にアクセスできるゼロトラストア
クセス環境を構築します。脱オンプレミス環境で懸念されるサイバー
リスクについても、同時に高度化を図るというものです。

　これは極限までの「ITインフラの合理化」をめざし、従業員のPCに
インストールされるアプリケーションも可能な限り少なくし、管理の
容易性を高めながら、セキュリティレベルを高度化するアプローチで
もあります。

12-2 グローバル企業のハイブリッドインフラ

　5年ほど前に、CEOのリーダーシップによって「脱オンプレミス戦
略」を掲げた米国のグローバル企業（管理端末数は全世界で50万台を
超える）では、最終的に50％程度は脱オンプレミス化が実現されたも
のの、残る50％は既存のオンプレミス（レガシーインフラ）環境のい
わゆる「ハイブリッドインフラ」になりました。その後も脱オンプレ
ミス戦略は遂行されるものの、数十％はオンプレミスが残る見通しと
のことです。グローバルに拠点を持つ大規模組織は、ほぼ例外なく同
じパターンになると推察されます。管理端末数が数百〜数千台程度で
あれば100％の脱オンプレミスも実現可能ですが、管理端末数が数万
台を超え、国内、海外にも数十、数百と拠点がある場合は、極めて難
しいのが実情でしょう。

12-3 立ちはだかるツール、運用組織のサイロ化

　脱オンプレミス戦略の実現において、立ちはだかる課題を要約する
と、本社と拠点、グループで利用しているツールがそれぞれ独自に乱

101

立している「ツールのサイロ化」や、運用組織も本社とグループで独自化する「運用組織のサイロ化」を挙げることができます。またグローバル企業では当たり前のようにM＆Aが実施され、コングロマリットな組織が拡張し、今までと異なる組織文化（DNA）が混入するため、本社主導による脱オンプレミス戦略は極めて困難なものとなります。さらに人的リソースも限られるので、脱オンプレミスを掲げた企業・組織が、数年後に理想と現実の乖離に苦しむといったケースも散見されます。

12-4 エンドポイント領域の課題と戦略

これらの課題は「エンドポイント領域」に起因しています。ゼロトラストアクセス環境を構築した企業では、アクセス環境をクラウド側へ統合（ゼロトラスト・プラットフォーム化）し、脱オンプレミス戦略を実現しています。また業務アプリケーションについても、例えば「Microsoft 365をグローバル標準とする」という方針を掲げ、実現することも十分可能な領域でしょう。

しかし本社やグループごとに個別で管理されているエンドポイントの統制は極めて難しいものです。複数ブランドの端末が存在し、OSもWindowsやMac、Linuxなどで、OS上で稼働する各業態の専用アプリケーションや内製化したアプリケーションが混在し、その組み合わせパターンは無限に近いものがあります。

脱オンプレミスには、最も鬼門となるエンドポイント領域について、明確な戦略を立てることが重要です。エンドポイント領域もグローバルで統制ができると、IT運用業務はもちろん、セキュリティ管理も本

第 12 章　ITイノベーションに向けたITインフラ

社で集中統制が可能となります。これがエンドポイント・プラットフォーム化の戦略です。本社で全世界の全数端末をリアルタイムに可視化して制御でき、利用するアプリケーションもクラウド・プラットフォームで提供され、アクセス環境もゼロトラスト・プラットフォームで統一されれば、これが正に「脱オンプレミス戦略」が実現した状態といえます。

12-5 エンドポイント管理の重要性と戦略

「脱オンプレミス」の実現は、多くの大規模組織の目標ですが、成功のためには、エンドポイント領域の課題を解決しないと中途半端な脱オンプレミスとなり、経営陣が策定した戦略の遂行は困難です。組織規模が大きく、コングロマリット化が複雑になるほど、実現に向けたハードルも高まります。

前述したグローバル企業は、脱オンプレミス戦略を基軸としつつ、残るオンプレミス環境を包含した「ハイブリッド環境」を前提とした戦略へ柔軟にシフトしています。これはエンドポイント・プラットフォーム化の実現によって、ハイブリッド戦略が実現可能となった裏付けでもあります。

エンドポイント・プラットフォーム化は、PCやサーバを単純にグローバルで共通化する話ではなく、マルチデバイス環境下の方向で考えないと、実現のハードルが高くなります。マルチデバイス環境においても、常に本社からリアルタイムな可視化と制御ができる「動的なエンドポイント管理」の実現が重要なポイントです。

103

12-6 脱オンプレミスの究極目的とITイノベーション

　動的なエンドポイント管理が可能なエンドポイント・プラットフォーム化が実現されると、本社からすべての拠点、グループの管理を集中統制することが可能になり、その結果、グローバルITガバナンスが実現可能になります。脱オンプレミス化の究極目的は、IT投資の削減と最適化を図りながら、ITインフラを利用する従業員を含むステークホルダーの利便性や満足度を高めることです。

　これは本社集中統制のインフラを構築し、インフラ運用やセキュリティ管理といった負荷からステークホルダーを解放することになります。将来的には本社が提供するITインフラへステークホルダーのインフラをシフトさせ、管理・運用はすべて本社側が担う仕組みを作ります。このITインフラを利用する際、ステークホルダーは利用料金を支払うシェアリングサービス化をめざします。

　こうしてコストセンターとしてみられがちなIT、セキュリティ部門が、プロフィットセンターに生まれ変わります。これがITイノベーションではないでしょうか？

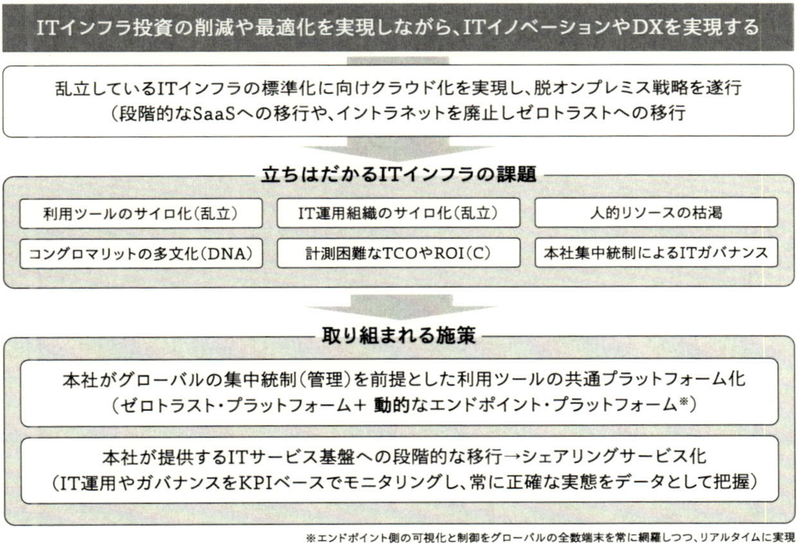

第 12 章　ITイノベーションに向けたITインフラ

ITインフラ投資の削減や最適化を実現しながら、ITイノベーションやDXを実現する

乱立しているITインフラの標準化に向けクラウド化を実現し、脱オンプレミス戦略を遂行
（段階的なSaaSへの移行や、イントラネットを廃止しゼロトラストへの移行

立ちはだかるITインフラの課題

利用ツールのサイロ化（乱立）	IT運用組織のサイロ化（乱立）	人的リソースの枯渇
コングロマリットの多文化（DNA）	計測困難なTCOやROI（C）	本社集中統制によるITガバナンス

取り組まれる施策

本社がグローバルの集中統制（管理）を前提とした利用ツールの共通プラットフォーム化
（ゼロトラスト・プラットフォーム＋ **動的なエンドポイント・プラットフォーム**※）

本社が提供するITサービス基盤への段階的な移行→シェアリングサービス化
（IT運用やガバナンスをKPIベースでモニタリングし、常に正確な実態をデータとして把握）

※エンドポイント側の可視化と制御をグローバルの全数端末を常に網羅しつつ、リアルタイムに実現

図12-1　ITイノベーションに向けたITインフラの取り組み

第 13 章

グローバルITガバナンス
実現のTo-Be

13-1 グローバルITガバナンスの実現戦略

キーワードとして幾度も挙げられた「グローバルITガバナンス」ですが、その目的や意義、効果についてさまざまな事例から解説してきました。この章では、グローバルITガバナンスの実現に向けて、大規模組織が取り組んでいるプラットフォーム化のベストプラクティスを説明していきます。

13-2 ガバナンス強化におけるベストプラクティス

ガバナンスの責務は経営陣が担いますが、実際に責務を支えるのは本社（ホールディングス）機構です。ガバナンスの範囲は、本社、国内／海外拠点、国内／海外グループ、そしてサプライチェーンとなり、個々にリージョン責任者が任命されます。本社集中統制によるグローバルITガバナンスが最終的な目的なので、脱オンプレミス戦略を段階的に進めていきます。すでに多くの企業・組織が着手しているコミュニケーション・プラットフォームを段階的に適用範囲を拡張しつつ、

第 13 章　グローバルITガバナンス実現のTo-Be

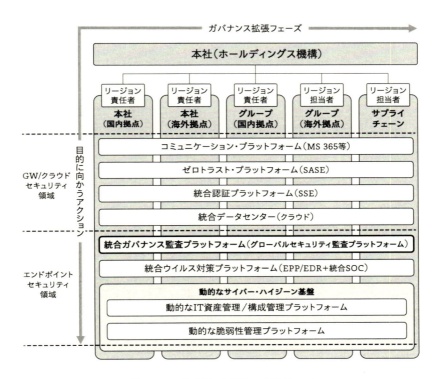

図13-1　ガバナンス強化へのステップ

ゲートウェイ／クラウドのセキュリティ領域のゼロトラストや統合認証といった施策を高度化します。現時点では、ゼロトラスト（SASE：Secure Access service Edge）や統合認証（SSE：Security Service Edge）などのゲートウェイ／クラウドのセキュリティ領域のプラットフォーム化はかなり進捗していますが、鬼門となっているのがエンドポイントのセキュリティ領域です。

　ここ10年で、エンドポイントのウイルス対策はその必然性からすでに多くの企業・組織がグローバル標準化を図り、展開率も高い状態ですが、ガバナンス監査（セキュリティ監査）となると大きな壁にぶつかります。グローバルにおけるガバナンス監査のルールやポリシーを周知徹底することまでは進むものの、実態把握のための各リージョン責任者への通達は、チェックシート方式もしくは監査スタッフを派遣してヒアリングする出張方式の二択になります。チェックシート方式では各リージョンのチェックが自己判断となり、求める内容が報告されないことも多く、正確な実態を把握することが困難です。出張方式では監査の精度はチェックシートと比較にならないほど高いのですが、監査スタッフの業務負荷や各リージョン担当の事前準備や監査対応の負荷が大きくなります。

13-3 本社集中統制の戦略的進行

　最近は、コロナ禍の影響で出張が抑制されて、チェックシート方式に切り替えた企業も多いと伺います。精度が高い監査スタッフの出張方式の場合も、IT資産管理や構成管理、脆弱性管理などのサイバーハイジーン業務は、各リージョンに委ねられており、非管理端末も多く存在しているのが実情で、監査精度を高めるには限界があります。

第 13 章　グローバル IT ガバナンス実現の To-Be

　非管理端末率が大規模組織における平均値である20％とすると、20％の端末の監査データは取得することができず、その時点で監査精度は20％低いものになります。またIT資産管理台帳上の80％の端末も、年に1回や2回程度の棚卸しでは監査精度はさらに低下します。

　セキュリティトレーニングをグローバル標準のラーニングツールで実施し、本社がモニタリングするといったケースでは、飛躍的に精度は高まります。一方でサイバー攻撃に対する防御レベルや、内部不正を助長する違反ソフトウェアのインストールの実態、利用許可していないUSB利用の実態などが監査項目となると、監査のタイミングでの把握は可能ですが、翌日に違反をすれば意味がありません。これは高速道路でオービスの前だけ法定速度で走り、それ以外は速度を超過するドライバーに似ています。本社が定めるルールに従わない従業員がそもそも問題ですが、人間の性でもあり、未来永劫なくらないと推察されます。

　そこで、ガバナンス監査（セキュリティ監査）は、各リージョンには何もさせず、本社主導で、年に1、2回でなく、極端にいえば1日1回や1週1回のペースで実現可能な仕組みを構築することが求められます。これが統合ガバナンス監査プラットフォームになります。

　統合ガバナンス監査プラットフォームの実現に向け、本社が詳細にわたり全世界の全数拠点やグループに対して、共通のグローバルITガバナンスのルールを策定し、周知徹底し、監査するという段取りでは、限りなく不可能に近いのが実態だと考えます。先進的なグローバル組織は「ガードレール型」というガバナンスに取り組んでいます。

　ガードレール型のガバナンスとは、本社がグローバルITガバナンスの

実現において、事業継続の維持や情報漏えいの防止を目的とした、必須で守らなければならないルールやポリシーを定め、常に監査し、是正することが可能という考え方です。「ガードレール」の中で、各拠点やグループが、詳細なセキュリティルールやポリシーの策定、監査、是正の業務を本社に一任するという考え方です。ガードレールには例外がないので、逸脱することは認められません。

具体例としては次のようなものです。

・多要素認証（MFA）はグローバルで共通の基盤を利用する
・パスワードは〇〇桁で3カ月毎に更新する
・利用端末はグローバルで統一し、稼働状況は常に100％を実現する

ガードレールとして策定されたポリシーやルールは、常に必要なタイミング（定期的も含み）で、本社が遵守状況を監視でき、是正処置までの直接的な制御が可能な点が重要です。ルールやポリシーを策定し、後は各拠点やグループから調査票やチェックリストを送付させる旧来型では、課題解決にはならず、ガードレール型ガバナンスは実現できません。本社が策定したルールやポリシーの遵守状態を、全世界の全数端末を対象に、即座に可視化し、是正可能かが非常に重要なポイントとなるのです。

13-4 監査方法の課題と改善案

ガバナンスの最大の目的はリスク発生を未然に予防することであり、ガバナンスKPIを定めることが重要です。「非管理端末の存在は各リージョンで3％以内にとどめる」などのKPIを定め、常に、本社が望んだタイミングで監査できるようにします。

第 13 章　グローバル IT ガバナンス実現の To-Be

　筆者がグローバル IT ガバナンスプラットフォーム化を支援した企業
は、「今後の監査実施のタイミングを事前に各リージョンに通達しない」
と決めました。監査が入るとわかると、その時だけ是正するケースが
見受けられるので、「抜き打ち」でガバナンス（セキュリティ監査）を
実施することが目的とのことでした。日本の企業・組織は先進諸外国
と比べると、性善説の傾向が強いですが、最近の大規模な内部不正や
サイバー攻撃事案を顧みて、性悪説をとり、徹底したガバナンス（セ
キュリティ監査）への切り替えが増加する傾向にあります。

　ガバナンスを強化すると、利便性が損なわれる懸念も指摘されます
が、これはグローバル IT ガバナンスを改訂するタイミングで考慮すべ
きポイントです。IT インフラ（資産）を貸与されて、業務を遂行して
いるので、内部犯行やサイバー攻撃を未然に予防する上で、組織が定
めるルールを実直に守るのが組織人の義務であり、結果的にセキュリ
ティ事案の抑制につながると考えます。

13-5 統合ガバナンス監査プラットフォーム

　統合ガバナンス監査プラットフォームの形成とともに取り組まれる
のが、動的なサイバーハイジーンの実現です。「見えないものは守れな
い」の原則に立つと、「見えないものは監査できない」となります。

　動的なサイバーハイジーンによって、常に IT 資産や構成管理、脆弱
性管理を本社が提供する共通の IT インフラで実現し、その実態を統合
ガバナンス監査プラットフォームで本社がいつでも監査できる仕組み
をつくることで、グローバル IT ガバナンスの目的を果たすことが可能
です。本社と各リージョンで利用しているツールがサイロ化している

状況下で、ガバナンス（セキュリティ監査）を全世界の各リージョンから一斉にリモートで調査することは、現状のツールではほとんど不可能といえます。動的なサイバーハイジーンも動的なガバナンス（セキュリティ監査）も、利用するテクノロジーを根本的に変える必要があります。

　この既存のテクノロジーを根本的に変革したのがTaniumです。次章では、今まで伝えてきたエンドポイント領域におけるさまざまな課題を解決するTaniumについて説明していきます。

第 **14** 章

タニウム（Tanium）というソリューション

14-1 グローバルITガバナンスのソリューション

　サイバーセキュリティの考え方について、さまざまな角度から説明してきました。これらの業務の遂行は実際に可能か？という疑問もあるかと思います。筆者は経営者向けのワークショップで同様の説明をしていますが、参加者から最後に必ず「総論はOK。実現できれば理想だが、実際には無理だね」というコメントをもらいます。確かに現状の技術での実現は極めて難しいかもしれません。しかしこの不可能を可能にするのがタニウム（Tanium）なのです。（以降の表記で「タニウム」は会社、「Tanium」はソリューションを指す）

14-2 タニウム創業とイノベーション

　タニウムの創業は2007年に遡ります。タニウムという名称を初めて聞く方は「意外に古い会社」と感じるかもしれません。創業したのはDavid Hindawi（父）とOrion Hindawi（息子）の親子です。

114

第 14 章　タニウム（Tanium）というソリューション

　彼らは元々、「BigFix」と呼ばれるIT資産管理システムを開発し、販売していました。2000年代を迎えると、企業・組織において一人一台のPCが当然のように配備され、これまで数百台だった管理対象の端末が、日を追うごとにうなぎ上りに増え、1年経てば数万台の規模へと急速に膨れ上がった時代でした。当時「BigFix」は主要なIT資産管理の機能を実装していましたが、この急激な端末台数の増加に、サーバもスケールアウトする環境で管理スピードや全数端末の網羅性を確保できないという致命的な「運用の問題」が発生したのです。

　これが冒頭で多くの経営者の方のコメントとして紹介した「運用は無理」に直結します。当時のBigFixをどんなにチューニングしても、急速に増加する端末数に追従できなかったのです。その時期、BigFixの大規模顧客だったあるメーカーから、「このスピードではIT資産（構成）管理は不可能だ、根本的に技術を見直して欲しい」と強い要請を受けたのです。元来、IT資産（構成）管理や脆弱性管理、セキュリティ管理（対策）などのツールは、ハブ＆スコープという階層型のアーキテクチャが主流で（現在も、Tanium以外の大半のツールはハブ＆スコープがベース）、根本的に見直さないと、ユーザーのニーズには応えられない状況に追い込まれました。

　そうした時期にタイミングよくBigFixをIBM社が買収（後にHLC社へ売却）する話がまとまりました。当時、管理スピードや端末の全数網羅性に関するニーズは限定的だったようです。Hindawi親子は、これからの時代、全世界の全数端末をスコープした動的なエンドポイント管理が必ず求められると確信し、BigFix の売却益を元に、顧客ニーズに応えるための新たなアーキテクチャ開発に着手・没頭したのです。目標は全数端末に対するリアルタイムな可視化と制御で、エン

ドポイント管理スピードと「網羅性」を実現可能なアーキテクチャの開発がスタートしたのです。当初、Hindawi親子と開発に賛同し参画した少数の天才プログラマたちは、1〜2年程度で達成する計画でした。当時リアルタイム性のスピードは30秒程度を実現していましたが、これでも遅い（一般的なIT資産管理ツールを利用して数万台の端末情報を可視化するには通常、数時間から数日掛かる）と判断し、数万台の端末の可視化スピードを15秒とする目標を設定しました。

14-3 可視化スピードの追求の意義

　そこからの道のりは非常に厳しかったようです。プログラマたちは連日連夜、試行錯誤を繰り返し、ついに15秒の可視化スピード＝リアルタイム性の実現に成功しました。エンドポイント管理における原理・原則は、可視化と制御の繰り返しです。例えば全端末にインストールされているアプリケーション情報を把握し、その情報を踏まえてバージョンアップをする業務では、アプリケーションを「可視化」し、バージョンアップという「制御」を実施します。セキュリティ監査業務の例では、組織が定めている「違反ソフトウェアAの実態を把握し、保有している端末はネットワークから隔離する」という業務は、違反ソフトウェアを「可視化」し、インストールしている端末を特定し、隔離する「制御」を実施します。すべてのエンドポイント管理はこの「可視化」と「制御」によって実現されています。この可視化と制御のアクションを、全数の端末に対してリアルタイムに実現することで、常に正確な実態をIT部門が把握できます。

第 14 章　タニウム（Tanium）というソリューション

14-4 Taniumの大規模組織採用が急増進

　エンドポイント管理においてリアルタイム性と網羅性を同時に確保することがいかに困難だったかは、2007年の創業から2012年まで開発し続けた事実が裏づけています。これら二つの特性を両立できて、はじめて「動的」なエンドポイント管理が実現できるのです。

　タニウムは2012年にアーキテクチャの特許を取得し、晴れてマーケットに進出します。タニウムによって生まれた「Tanium」は、2013年から販売を開始します。この画期的なアーキテクチャに対して、著名なベンチャーキャピタルが目を付けました。アーリーステージの企業や既存の成長企業へ積極的に投資する「Andreessen Horowitz」や「Citi Ventures」、日本の大手企業が投資する「Geodesic Capital」、その他のVCからも大規模な投資を受けています。

　Taniumのテクノロジーは瞬く間に米国のマーケットで有名になり、2023年時点では、Fortune100のうち約70％の企業・組織が採用しています。大手金融機関はトップ10のうち8行、大手流通業ではトップ10のうち7社、特出すべきは米国防総省ほか米軍の4軍で全面採用されるなど、ベンチャー企業としては信じられないスピードで、大規模組織にTaniumの導入が進んでいます。この勢いは全世界に拡張し、わが国でも大規模組織を中心に約100社（グループ総数で1000社超え）が採用しています。Taniumが採用されるポイントは、数万、数十万台規模の端末を管理する企業・組織に望まれているところです。

　筆者がタニウム合同会社（日本）へ入社したのは2017年ですが、その時点で、私たちの生活に直結する重要インフラ事業者であるメガバンクを筆頭に、大規模な導入が一気に進みました。2024年時点で、タ

117

ニウム合同会社は創業10年目を迎えますが、入社した当時数名だった組織は、今や100名を超え、筆者は営業メンバーとして最古参になりました。

14-5 Tanium導入は動的な管理への評価

　直近では、わが国を代表する複数の大手製造業において、Taniumの数十万台規模のグローバル採用が立て続けに進行しています。日本におけるTaniumの採用実績は国別では米国に次いで2位となっており、国内に拠点を置く外資系企業のコントリビューション・シェアとしては、破格の実績といえます。これは国内の大規模組織に、「動的なエンドポイント管理」のニーズがあり、その解決策としてTaniumが評価されたことの現れだと考えます。

　経営陣の皆さんがニュース報道で「○○社のセキュリティ事案」を目にした時、同業他社であれば「うちは大丈夫か？問題ないか？」とセキュリティ管理者に質問するでしょう。他社で起こったセキュリティ事案を誘発した脆弱性（リスク情報）の有無を「即座」に知りたいはずです。この「即座」に「正確な実態」を知るためには、リアルタイム性と網羅性を持った動的なエンドポイント管理プラットフォームが必須のものとなります。自社のリスクを今すぐに確認したいのに、「うちは大丈夫？」の回答が三日後になり、その内容が「問題はないかと思います」などの曖昧さで、果たして経営陣は満足できるでしょうか？さらに諸外国では「法令や指令」として正確な報告を求められ、報告期限も切られる時勢となってきていることを重ねると、リアルタイム性と網羅性による可視化と制御を実現する動的なエンドポイント管理がいかに重要かを、実感できると思います。

第 14 章　タニウム（Tanium）というソリューション

14-6 エンドポイント管理の新標準としてのTanium

［1］Taniumの特許技術によるアーキテクチャ
・リニアチェーン・アーキテクチャの概念

　一般的なソフトウェア（アプリケーション）は、ハブ＆スコープアーキテクチャを基本としており、管理系の管理サーバを立て、それとは別に、指示やデータを中継する中継サーバやリレーサーバなどの配信系サーバを必要な数用意して構築する必要があります。

　ハブ＆スコープアーキテクチャの課題は、リアルタイム性と網羅性です。管理台数が少なく、管理対象も限定的であれば確保できる場合もありますが、管理台数が数万台、管理拠点数が数十から数百となれば、リアルタイム性を持ちながら網羅性を確保することは極めて困難です。可視化と制御に数時間や数日かけてもよければ業務は遂行できますが、当初のデータと数時間後のデータに整合性はないので、労力をかけても、不正確なデータになります。不正確なデータでは不正確な実態しか把握できず、AIを使って高度な分析をしても、マスターデータが不正確であるためデータドリブン経営などは実現できないでしょう。

　もう一つの課題は、通信帯域の圧迫です。最近のWindows OSは、月例パッチで約1GB、FU（大型アップデート）で約5GB、2025年に予定されるWindows 11アップデートでは約3GBのデータを、すべての端末に配信しなければなりません。拠点等と本社側が接続する狭帯域では、配信データが通信帯域を圧迫し、通常業務に支障をきたします。例えば、Microsoft TeamsやZoomなどのWeb会議や日常業務における作業すべてが、ネットワーク経由であり影響を受けます。管理スピードが遅い上に、このハブ＆スコープアーキテクチャが、端末を利用する従業員の生産性を著しく低下させる要因となるのです。

119

特許を取得したTaniumのアーキテクチャは、大きく二つあります。それは「リニアチェーン・アーキテクチャ」と「専用の通信プロトコル」です。Taniumはクラウド側に管理系と配信系の機能を集約し、中継サーバやリレーサーバを不要とするシンプルなアーキテクチャ構成になっています。

　Taniumのリニアチェーン・アーキテクチャでは、同一ネットワークに存在する端末が、動的に端末同士を接続し、管理者からの可視化や制御の指示に対して、バケツリレー方式でデータを配信します。このリニアチェーン・アーキテクチャはブロックチェーンやP to P通信に近似していますが、Taniumの場合、このリニアチェーン自体（端末1台1台）をすべてTaniumサーバ（クラウド）で自動認識し、管理しています。統制されたブロックチェーンやP to Pというイメージがわかりやすいと思います。

　従業員がネットワークに接続しオンラインになった瞬間に、Taniumサーバと通信し、Taniumサーバから自身が接続するリニアチェーンの指示を自動的に受け取り、リニアチェーンに接続します。このリニアチェーンはすべてTaniumサーバによって動的に管理されているので、お昼休みに端末をスリープモードにしたり、外出時に端末をシャットダウンしたりした場合は、自動的にリニアチェーンから外れ、残ったリニアチェーン内の端末が自動的に再接続し合います。この動作を全世界の全数端末に対してTaniumサーバが動的に管理しているのです。言葉で表現することは簡単ですが、リニアチェーンの接続状態を監視し、自動で接続や解除を制御するには非常に高度なテクノロジーによって実現されているのです。

第 14 章　タニウム（Tanium）というソリューション

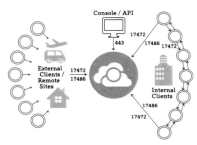

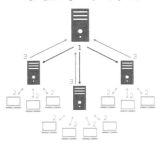

図14-1　Taniumの特許技術

最近、オフィス出社率がコロナ禍前に戻りつつありますが、大規模組織では、リモートワークが一定割合で実施されており、ハイブリッド出勤の環境です。Taniumは、管理対象端末がオンプレミスだろうとリモートだろうと、Taniumがインストールされたオンライン環境であれば管理者が常に可視化と制御が可能な状態になります。

・専用通信プロトコルの機能とメリット

　二つ目の特許技術は専用プロトコルです。各端末に対して制御する際に、指示のデータが大きいと通信帯域を圧迫するので、データをハッシュ化（超軽量化）し、異次元の速度で可視化と制御を実現します。2012年当初の可視化と制御のスピードは、管理対象の端末が数万台で15秒がベンチマークでしたが、2023年後半の最新アップデートでは、3倍近く高速化することに成功。可視化と制御の命令を送ると、ほぼ数秒で数万台の端末からデータを取得できるまでの進化を遂げています。専用プロトコルの特徴は、配信時に帯域を圧迫しないテクノロジーです。Taniumサーバから大容量のパッチデータを配信する際、データの種類にかかわらず、配信のタイミングで小さく分解して帯域にインパクトを極力与えない分散データ配信技術を、特許として実装しています。

　Taniumはリニアチェーン・アーキテクチャと専用プロトコルによって、動的なエンドポイント管理の要となるリアルタイムな可視化と制御を実現しています。Taniumのこの特許技術について、あるメガバンクのCISOが「Taniumはエンドポイント領域における"光ファイバー網"であり、"スーパーハイウェイ"である」と語られたことを筆者は今も忘れません。エンドポイント側のリアルタイムで網羅的な可視化と制御による「正確なデータ」を、Microsoft社やServiceNow社などのソリューションパートナーのさまざまな機能と連携し、その機能を

第 14 章　タニウム（Tanium）というソリューション

さらに高度化させることが可能になったのです。

［2］Taniumの機能特徴

　Taniumの特許技術を強化する機能について説明していきます。Taniumで管理が可能な対象OSは、主要な汎用OSすべてになります。PCやサーバで利用されるWindows、Linux、Mac、Solaris、AIXなどの汎用OSを、かなり古いものから最新バージョンまでフルカバーしています。これらの汎用OSに対し、「たった一つのエージェント」でリアルタイムな可視化と制御が実現できます。通常の管理ツールは、OSごとにインストールするエージェントが別れますが、Taniumはたった一つのエージェントですべての汎用OSをカバーします。これは全世界展開を見据えた時に、極めて有効な機能といえます。

　またTaniumのアーキテクチャはリニアチェーンを軸としているので、中継サーバやリレーサーバといったサーバを1台も必要としません。大規模組織になると、一つの端末の中に数十のソフトウェア（アプリケーション）や内製化したアプリケーションもインストールされています。これらのソフトウェア（アプリケーション）群は、それぞれ管理サーバが異なり、ハブ＆スコープアーキテクチャなので膨大な中継サーバやリレーサーバが必要です。国内の大手製造業では、パッチ配信用のサーバをグローバルで調べたところ、優に1,000台を超えるサーバを導入していました。Taniumにリプレースして以降、これらのサーバは最終的に0台になります。

　1,000台のサーバが24時間365日稼働している場合、そのサーバ群の導入コスト、管理・運用コスト、電気代、CO_2排出量は相当な規模になります。Taniumにリプレースしただけで、これらの費用がすべて

123

ゼロになるのです。導入検討時の「理屈としてそうでも本当に実現できるのか」という管理者の不安をよそにサーバ数ゼロを実現し、統合報告書ではIT部門によるCO_2削減（ESG指標）の効果をアピールするという、俄かには信じがたい効果を証明した事例もあります。Taniumは「サーバが0台」、「インストールするエージェントは1種類」、これが機能説明です。これほどシンプルなソリューションは、世の中を見渡してもなかなか見つかりせん。見つけられても、動的なエンドポイント管理ができるか、多数のグローバル大規模組織で採用された実績はあるかと問われ、即答できるソリューションはTanium以外には存在しません。

[3] Taniumのソリューション

　Taniumは各PCやサーバにインストールする「Taniumエージェント」をベースに、それ以外のIT資産管理系や構成管理系、脆弱性管理系や各種セキュリティ管理系など、エンドポイント管理で求められるさまざまな機能を実現する「拡張モジュール」で構成されています。この拡張モジュールは、必要なモジュールを必要なタイミングで導入することができます。既存ツールによる運用で、例えばパッチ配信の課題がある場合は「Patchモジュール」を導入するサブスクリプションモデルになっています。全世界に存在する非管理端末を5分置きに可視化する「Discoverモジュール」は、Taniumを利用している大半のユーザーが購入している人気のモジュールです。

　この拡張モジュールは、全世界のTaniumユーザーからの要望で開発が進められており、ユーザーが抱える既存の課題解決はもちろん、ITイノベーションやDXの実現において、今後必要となる機能を先取りしたモジュールを順次開発しています。例えば「Performanceモジュー

第 14 章　タニウム（Tanium）というソリューション

ル」はその名の通り、端末のパフォーマンスをリアルタイムに可視化し制御するモジュールです。これはDXになぞらえ北米を中心に活発な検討が進むDEX（Digital Employee Experience）の実現に寄与するために、端末を利用する従業員の利用満足度を向上し、ITヘルプデスクの業務負荷を軽減するものです。

　具体的には、端末利用をしている従業員から、「端末の動作が重い」というクレームが発生している場合、通常は、現象を感じた従業員がITヘルプデスクに相談し、ヘルプデスクから状況確認のためにメールやチャット、電話等で状況をヒアリングし、場合によっては端末へ直接アクセスし、原因を調査して、対処をする業務が求められます。数台であればまだしも、数十、数百台となればITヘルプデスクはパンクします。ITヘルプデスクはさまざまなサポート業務を遂行しているので、業務負荷が激増し、疲弊していきます。同時に、問題が解決しない従業員は業務が停滞するなど、フラストレーションがたまり、ITヘルプデスクに対しての不満を増加させます。負のスパイラルとなり、ヘルプデスクの問題ではないのに、従業員のストレスが、そのままITヘルプデスクに集まり、IT部門全体の血のにじむような貢献やサポートも評価されない事態を迎えます。これは「リアクティブ（受け身）のサポート」と呼ばれ、多くの企業・組織がこうしたサポート体制を長年続けることで、このような状況に陥っています。そして、このような状況が、ITやセキュリティに関連した人材不足に拍車をかけます。

　DEXは、従業員とITヘルプデスクの間で発生する負のスパイラルを払拭し、従業員の利用満足度を向上させ、ITヘルプデスクの貢献価値を社内のステークホルダー全員に理解させるといった、壮大な戦略です。
　「Performanceモジュール」は、従業員とITヘルプデスクの両者が

125

抱えるフラストレーションをなくすことを目的としています。Tanium
は全世界のあらゆる業種における大規模組織で利用されており、日々、
さまざまなフィードバックをいただきます。これはタニウムにとって
大変貴重なインプットとなります。

　従業員が抱えるフラストレーションの要因には、次のようなものが
あります。

・メモリ容量が逼迫している
・特定のアプリケーションがクラッシュする
・1週間以上再起動していない端末がある

　ユーザーから寄せられたフラストレーションに対し、Taniumのリア
ルタイムな可視化と制御によって、その要因データを定期的に収集し、
スコアリングします。その結果から、一定の閾値（KPI）を超えた、体
感的にパフォーマンスが悪いと想定される端末を瞬時に特定し、迅速
な対処を実現します。フラストレーションの要因は全世界のユーザー
（＝ITヘルプデスク）が経験しており、Performanceモジュールは、
これらのノウハウを分析データとして活用し、スコアリングしている
のです。

　これは「リアクティブのサポート」から「プロアクティブ（先取り）
のサポート」へ変貌することを意味します。不具合要因があらかじめ
想定されているのであれば、従業員がフラストレーションを抱える前
や後も、プロアクティブに不具合要因を探索して、見つかれば「プロ
アクティブ」に従業員にその現状と対処をポップアップなどで教える
のです。これは当該端末が100台、1000台存在していても同時に実行
できます。例えば「1週間以上端末を再起動していないので、パフォー

第 14 章　タニウム（Tanium）というソリューション

マンスが劣化しています。パフォーマンス向上のため、再起動をお勧めします」という具合です。ポップアップを見た従業員は、「確かに重たいし、再起動もしていなかった！」と気づき、再起動を「自ら」実施するのです。このプロセスによって、従業員のフラストレーションをプロアクティブなサポートによって抑制し、ITヘルプデスクへの相談などの双方のロスもゼロにしています。

　さらに「Engageモジュール」で当該業務の終了後にアンケートを取ると、問題が解決した従業員は、ITヘルプデスクのプロアクティブなサポートに満足し、最高の評価を下す傾向が強いようです。アンケート結果を月例会議で示せば、経営陣はIT部門の貢献を数値で理解することができます。これがDEXによる具体的な効果で、IT部門の貢献をデータで経営に示すことになります。

　Taniumのリアルタイムな可視化と制御は、ユーザー自身によってタニウム側でも気づかない、新たな用途を生み出します。その一つが「フードロス」対策です。筆者にとっても、興味深い用途の一例です。コロナ禍の状況で出社率が不安定だった時期に、本社や拠点、工場における食堂やカフェのフードロスが課題となりました。Taniumを導入している自動車メーカーのIT担当者が、その課題を聞きつけ、Taniumによって即座に解決したのです。「なぜTaniumでフードロス対策ができたのか？」と筆者も疑問に思いましたが、そのIT担当者は、「出社率がわかれば食事を作る量を把握できる」と直感で思ったそうです。Taniumが全社展開されているユーザーなので、IT担当者は、食堂やカフェが設置されている拠点に対して、午前中に複数回、端末のOS稼働状況や特定アプリケーションの稼働状況を探索し、その平均値を食堂やカフェにフィードバックしました。食堂やカフェでは出社率

127

＝食事を作る量を逆算し、フードロスを一気に解決したということです。

　Taniumを利用すると、IT部門（セキュリティチーム）は、リアルタイム性や網羅性を活用して、今まで実現できなかった業務や、実現したかった業務を簡単に実現できる「気づき」を得られるようです。この積み重ねがITイノベーションやDXの礎になっていくと考えます。

・Comply Plusモジュールの全貌

　もう一つの拡張モジュール、「Comply Plusモジュール」を紹介します。これはサイバー事案（外部犯行）や内部犯行の要因となるさまざまな脆弱性を可視化し是正するモジュールです。具体的にはIPAなどが公開する脆弱性情報（CVE）や、実際に悪用された脆弱性情報のKEV（Known Exploited Vulnerabilities catalog）などをもとに全数端末に対して、可視化と是正を実現します。また、内部犯行系も含み、米国のCISが公開するグローバルスタンダードな（グローバル企業として対応が推奨される）コンプライアンス情報（ベンチマーク）も同様に全数端末に対して可視化と是正の対応が可能です。

　例えばMicrosoft社製品が保有する脆弱性のCVE-2021-1675が全世界の全数端末に存在するかを、リアルタイムに可視化します。仮に50台の端末で可視化された場合、管理者にはその50台に対しての是正が求められます。Comply Plusモジュールは、この当該CVEに対して必要となるパッチ情報を自動的にマッチさせ、Remediation（修復）というボタンをクリックすると、Patchモジュールに画面が遷移し、Patch適用を効率的に実施します。まさに脆弱性を可視化し是正する業務を、同一プラットフォーム内でシームレスに実現可能となっています。

第 14 章　タニウム（Tanium）というソリューション

・**Taniumモジュールのフレキシビリティ（柔軟性）**

　Taniumの拡張モジュールはすべて、リアルタイムで網羅的な動的な
エンドポイント・プラットフォーム上で動作するので、脆弱性管理に
おいても、可視化と是正の実現が可能です。

　この可視化はこれまで、大規模組織では数時間や数日の業務をかけ
て調査し、可視化された脆弱性を踏まえて、当該端末を資産管理ツー
ルと付き合わせ、そのパッチ情報を調べて、さらに配信ツールと資産
管理情報をマッチングさせて・・・と、信じられないほどの工数がか
かりました。Taniumはこれらを数クリックで数万、数十万台に対して
実現可能なポテンシャルを持っています。

　一部の拡張モジュールについて、事例を交えて簡単に紹介しました
が、Taniumはこれらの拡張モジュールを必要なタイミングで導入する
ことができるので、既存ツールでは運用が困難な場合、その運用に該
当する拡張モジュールから導入を進めていくようなケースも対応可能
です。

[4] Taniumの導入効果

　Tanium導入前の大規模組織では、内製化したアプリケーションなど
を含め、一つの端末にインストールされているツール数は20種類近く
になるケースが散見されます。

　資産管理のためにA社、脆弱性管理のためにB社、USB書き込み制
限のためにC社、内部犯行対策でD社のツール、ウイルス対策でE社、
EDRでF社という具合です。各社のツールのアーキテクチャはハブ＆
スコープなので、ツールごとに管理サーバがあり、中継サーバやリレー
サーバが存在します。まさに無数のツールとサーバによって構成され、
これが「ツールのサイロ化（乱立）」をもたらします。

129

この状況下で、セキュリティ監査業務やDEXといった新しい業務を実施すると、さらにツールが増え、サイロ化が拡大していきます。昨今、端末スペックは向上しているものの、この膨大な数のツール群やサーバ群では、仮に端末動作自体が問題なくても、IT管理者の全数端末に対するリアルタイムで網羅的な可視化と制御は不可能なのが実情です。サイロ化によって、求める機能要件は満たせても、各機能要件を実運用するリアルタイム性や、ハイブリッド環境の網羅性といった「非機能要件」を満たすことができないのです。これが「機能があっても実運用に耐えない」状況を生み出します。筆者は仕事柄、RFI（情報提供依頼書）やRFP（提案依頼書）の策定支援に多く携わってきました。依頼を受けた際は必ず、機能要件（○○の機能を有する）の評価だけでなく、機能要件が実運用に耐えるかといった「非機能要件」をセットで評価するようにアドバイスしています。

・サイロ化からの脱却とプラットフォーム化

　こうしたサイロ化から脱却するためには「リアルタイム・プラットフォーム化」が求められます。TaniumはマルチOSをフルカバレッジし、必要な拡張モジュールをすべて導入しても、端末にインストールされるエージェントは1つだけです。しかもリアルタイムで網羅的に動作する「非機能要件」をすべてのモジュールに具備しています。よく「Taniumの差別化ポイントは？」と訊かれますが、一言で表現すれば「リアルタイムで網羅的なエンドポイント管理を実現する非機能要件を具備している点」です。これはTaniumの特許技術のみによって実現される、唯一無二の特徴になります。

・非機能要件を満たすTaniumのアプローチ

　Taniumのリアルタイム・プラットフォームをベースに、サイロ化さ

第 14 章　タニウム（Tanium）というソリューション

れているツール群のうち、資産管理や構成管理、脆弱性管理などのツールをすべてTaniumの各種拡張モジュールへシフトすることができます。また現状でパッチ配信が課題であれば、その課題に対応したPatchモジュールのみをまず導入するという対応も可能です。EPPやEDR、XDRなどのツールを導入し、外部SOCともサービス連携している場合、その領域に課題がなくても、Taniumのリアルタイム・プラットフォームがあれば、すでに導入しているツール群の稼働状況を可視化（モニタリング）できます。XDRがインストールされているか、稼働しているか、組織が定める最新のバージョンを利用しているかなどを可視化し、インストールされていなければTaniumからインストール、稼働していなければTaniumからプロセスの再起動、バージョンが古ければTaniumから最新バージョンへのグレードアップなどの業務を実施できます。導入したセキュリティツールも、正常に動作しているかという状態チェックや是正により、ROIの向上を図ることができます。経営陣から見れば、投資したツール群のライセンスを100％有効活用し、IT投資の無駄をなくして最大限活用する「当たり前のことを当たり前に実施する」ことになります。この積み重ねが、IT投資の最適化や合理化につながります。

[5] Tanium導入における定量的効果と定性的効果

　Taniumの基本的な機能や効果を説明してきましたが、Tanium導入による具体的な効果について紹介します。図14-2は導入を検討したある企業が実際にTaniumを導入し、POCを実施した結果を踏まえた経営向けの上申資料です。Tanium導入前が「As-Is」、導入後が「To-Be」となります。

　「As-Is」ですが、サイロ化が進んでおり、3年後には新たな業務領域

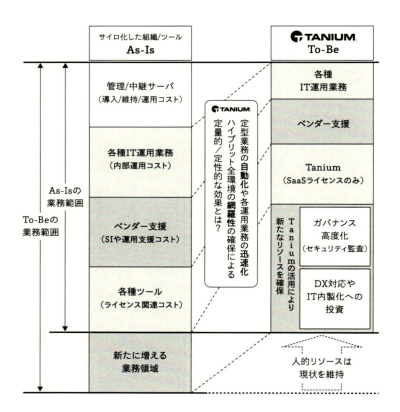

図14-2　Taniumで実現する業務改善

第 14 章　タニウム（Tanium）というソリューション

として、DXやグローバルITガバナンスの実現を計画していましたが、サイロ化によるコスト増や、非機能要件を満たさない環境で、新たなツールを導入しても実現困難であるというIT管理者の懸念から、タニウムに相談がありました。総コストを分解してみると、各導入ツールの管理に必要な管理サーバ群、中継サーバやリレーサーバ群の導入、運用などの管理コスト、各種IT（セキュリティ含む）運用業務の運用コスト、自組織では業務が困難な領域の外部ベンダー委託コスト、各ツールの導入、運用、管理コストなどがあり、新たな業務領域の対応に向けたツール導入や内製化コストが計上されていました。仮に機能要件として機能を充足しても、グローバルITガバナンスの実現に向けては、本社集中統制による管理が前提条件となり、グループ個社ごとに利用しているツールも考慮すると、このままでは間違いなく要件をクリアできないと判断されました。端的にいえば、現状のアーキテクチャのまま、どんなに「コストをかけても」要件がクリアできないという判断です。

　そこでTaniumのリアルタイム・プラットフォーム化を基軸とした戦略に切り替え、サイロ化されたツール群は可能な限りTaniumの各種拡張モジュールで吸収し、サイバーハイジーン領域においては、見事にサーバゼロ化を実現しました。その結果、管理・中継サーバコストはゼロ、各IT運用業務はパッチやFU適用を中心に運用コストを50％削減し、外部委託も自組織で巻き取れる業務が複数あって外部ベンダー委託コストも30％削減、ツール自体のコストはほぼイーブンという評価結果になりました。ここで生まれるのが余剰の業務リソースです。人的リソースはAs-IsもTo-Beも固定したままなで、新たな業務リソースを40％程度確保できたのです。この余剰のリソースを使い、DXやグローバルITガバナンス、IT内製化などの本体、IT部門の主要

業務となる領域に人的リソースを配分することができました。サイロ化から抜け出し、リアルタイムなプラットフォーム化が生み出す、最大の効果といえます。

　昨今、人材不足問題で優秀な人材の確保は大規模組織においても困難を極めます。優秀な人材の確保には、組織シニシズムや経路依存性の問題を可能な限りクリアして、業務に集中できる環境を提供することが求められ、その一つ一つの力が組織の力へ反映されます。Taniumの活用が組織シニシズムや経路依存性の多くの問題を結果として解決していくのだと考えます。

・Taniumの導入効果

　Taniumの定量的な効果としては、ROIの向上やTCOの削減、IT部門の新たな業務に向けた時間の確保などがあります。実際にはこれらの効果を各IT部門の運用業務別にシミュレーションし、四半期単位、年単位でその効果を経営会議で報告する企業・組織も数多いようです。

　また定性的な効果も発揮します。最大の効果は、優秀な人材や若手の人材がパッチ適用などの定型業務に多くのリソースを奪われ、従業員からのクレーム対応に追われ、疲弊してモチベーションを下げ、組織から離脱することの解決です。Tanium導入後はこれらの課題を一気に解決し、離職率の顕著な低下が図られたというケースも耳にしています。日本のIT部門は、欧米の組織と異なり、立場的に弱い実態もあり、重要性がなかなか経営側にも理解されないジレンマを抱えていますが、日々の業務結果をTCO削減やROI向上といった数値で証明することにより、経営陣もその価値を定量的に理解できるようになり、両者の関係性を改善するといった報告もあります。

第 14 章　タニウム（Tanium）というソリューション

　ここではツールのサイロ化にスコープを当てましたが、リアルタイム・プラットフォーム化は、組織のサイロ化の脱却にも大きな効果を発揮します。全世界共通のエンドポイント・プラットフォーム化によって、本社主導による管理が可能となり、乱立した組織を本社が横断し、管理・運用可能なプラットフォームが形成されるわけです。これは組織シニシズムを小さくし、複雑に経路依存したさまざまな問題を一気に解決する最短コースでもあることを理解してもらえると思います。しかもこれらの技術的、運用的な解決策はすでに存在しています。すでに多くのベストプラクティスも存在し、リアルタイム・プラットフォーム化が、これまで述べてきたさまざまなエンドポイント領域が起因する課題を一気に解決に導くことも証明されています。あとはリアルタイム・プラットフォーム化に向けた実施の判断が求められ、その意思決定は経営陣の皆さまに委ねられているのです。

・エンドポイントセキュリティの未来

　エンドポイントセキュリティの未来を紹介します。タニウムはMicrosoft社とのアライアンスを強化し、Microsoft社のAIテクノロジーとTaniumのリアルタイムアーキテクチャを融合し、セキュリティ運用の自律化をめざしています。管理者が知りたい情報や制御したいアクションを文章で入力することにより、Microsoft社のAIがそれを認識し、TaniumがAIによって導かれたアクションをリアルタイムに制御することが発表されています。これは近い将来、音声によって制御可能な次元に突入し、例えば管理者がゴルフの途中でも、「今、危険な〇〇脆弱性は存在するのか？」といった質問を言葉で発すると、その結果を即座に定量的な正確なデータとしてフィードバックし、「その脆弱性を直しておいて」というと、自動的に修復する世界です。もちろん、対象台数は全世界の端末に対して瞬時に管理できることが前提です。

そのポイントは、専門的な運用（技術）知識がなくても、あらかじめ組織が定めた運用ポリシーさえあれば、言葉で実態を可視化し、是正することが可能になることです。この世界が実現すると、IT部門の運用負荷は著しく軽減することはもちろんのこと、属人的で定まらない業務の精度も飛躍的に高まり、人材不足や技術継承といった深刻な課題も解決していくものと思われます。経営陣の皆さんが大規模なセキュリティ事案のニュースを知った時、「おい、うちは大丈夫か？」とIT部門に質問すると、10分もかからないうちに、セキュリティ事案を引き起こす要因（脆弱性情報やリスク情報）の実態がフィードバックされ、「リスク要因は全世界に〇〇台ありましたが、すでにバージョンアップや設定変更を実施中で、あと1時間程度で対処できます」という回答が得られる世界が訪れるのです。

　AIを頭脳とすれば、Taniumはとてつもないスピードで動作する手足だと考えます。どんなに高度な知見を持っても、それを扱う手足がなければ、身体を動かすことができません。現状のエンドポイント領域はそうした状態であることが問題を深刻化させているわけですが、タニウムの創業メンバーは、この近未来を2007年の時点で予測し、超高速に動く手足となる、リアルタイムに動作可能なアーキテクチャを生み出したのです。

第 15 章
サステナブルな サイバーセキュリティに 向けて

　IT人材が枯渇する一方、サイバー攻撃は日々進化し続け、さらにサプライチェーンを包含したセキュリティの責務を経営陣が担うことが求められるようになった昨今、サステナブル（事業継続可能）なサイバーセキュリティをどのように実現するかは、大規模組織の経営陣にとっても改めて大きなテーマであると認識しています。事業継続を可能にする上では、テクノロジーが極めて大きなポーションを占める点も理解してもらえたと思います。

　昨今、サイバー攻撃はAI vs AIの戦いといわれ、守る側もAIテクノロジーを活用した考え方やソリューションの情報が公開されるようになってきました。ただ第8章「サイバー防御プロセスについて」でも説明した通り、どんなに高度なサイバー攻撃で、それがAIによる自動攻撃であったとしても、必ず「脆弱性」を悪用するという点は不変です。サイバー攻撃を仕掛ける犯罪組織はRaaS（Ransomware as a Service）など、誰でも簡単にターゲットに対して攻撃できるコモディティ化も進んでいますが、攻撃ツールを使ってターゲットの脆弱性をあぶり出し、仕掛けるといった手法は変わりません。防御側もAIに

第 15 章　サステナブルなサイバーセキュリティに向けて

よって防御するソリューションがすでに活用されています。攻撃側と
防御側の「いたちごっこ」は、24年前に筆者がサイバーセキュリティに
足を踏みいれた時と同様で、今後もその構図は変わらないでしょう。

　一般的にサイバー攻撃は守る側の方が不利とされ、実際その通りだ
と思います。したがって攻撃に対して突破が困難な環境を作り、それ
を継続することで、攻撃者にとってROIが悪いターゲットと感じさせ
ることも防御策の一つとして重要です。古典的にいえば「難攻不落の
城を築く」というイメージでしょう。

　防御側の人材は枯渇し続け、この先も優秀な人材を確保することは
至難の技になります。IT投資も湯水のように湧くことはなく、限られ
た予算を最大限有効活用する上で、投資先は慎重に選ぶことが求めら
れます。

　ただ、サイバー攻撃が常に脆弱性をつくのならば、脆弱性の排除を
徹底することで、ほとんどすべての攻撃を防ぐことができるとも考え
られます。内部犯行も、セキュリティポリシーを徹底して厳密なアク
セス制限やUSBなどの利用制限、モニタリングなどを組み合わせるこ
とで、脆弱性の突破が困難になり、情報漏えいなどの事案を防ぐこと
が可能です。防御プロセスの根幹となるエンドポイント領域では、サ
イバーハイジーン施策を実施する重要性は言うまでもありません。

　限られた人材、IT投資、ナレッジ（技術継承の問題）を前提とした
場合、事業継続可能なセキュリティには、根本的なテクノロジーの刷
新と、これらの課題を着実に解決し続けているグローバルや日本国内
の先進的な企業・組織におけるベストプラクティスを最大限に活用し
て、自組織のサイバーセキュリティの羅針盤となる「教科書」を選択

することが最重要な方法となります。サイバーセキュリティはその専門性から属人的になりがちで、ノウハウは個人に蓄積され、ナレッジの技術継承が難しい領域とされきましたが、業務の多くは自動化が可能な時代になっており、AIの活用はその筆頭になるものです。AIの頭脳をより有効化するために、業務の効率化や自動化、準則化を図るソリューションの導入が望まれます。

　企業・組織のセキュリティ領域における人材、コスト、ナレッジ継承を解決することで、地に足の着いたサステナブル（事業継続可能）なサイバーセキュリティが実現されるのです。

第 15 章　サステナブルなサイバーセキュリティに向けて

経営視点における疑問

今のセキュリティ対策や戦略は "正しく" そして "過不足が無い" と言えるのか？
国防機関や先進的グローバル組織が "実直に取り組む" ポイントとは何か？

| "技術"や"トレンド" "経験"だけに依存しない | 実直に"教科書"に沿ったセキュリティ | 国防関連機関で証明された "科学"や"理論"の活用 |

グローバルを代表する教科書

教科書に沿ったセキュリティの基本原則

- セキュア・バイ・デフォルト
- セキュア・バイ・デザイン
- シフト・レフト（サイバーハイジーン）
- ガードレール型セキュリティ

図15-1　サステナブルなサイバーセキュリティの高度化に向けて

おわりに

ここまでお読みいただき、ありがとうございました。

エンドポイント領域を中心としたサイバーセキュリティに関して、可能な限り、わかりやすい説明を心がけました。「サイバーセキュリティの概要」をお届けできたでしょうか。長年、専門領域で業務に携わると、相手の方がご存じと錯覚し、専門用語をつい乱発して時折、お叱りを受けることがあります。本書の執筆においては専門用語を解題して、読者の皆さまにご理解いただけるようにと、編集作業を幾度も繰り返しました。このような専門分野の書籍を自らすべて執筆したのは人生で初めてであり、皆さまにどこまでお伝えできたか正直、不安が残ります。ただ本書は、何度も繰り返してお読みいただくことで、理解を深めてもらえる構成を心がけています。わかりづらい箇所がございましたら、なにとぞ繰り返しお読みください。

経営陣の皆さまにとって、サイバーセキュリティは取りつきにくい領域かと存じますが、企業経営に比べれば、成功に導くベストプラクティスも教科書も存在しており、想像しているよりもシンプルだといえます。サイバーセキュリティは「科学」であり「理論」です。これからは、サステナブルなサイバーセキュリティに向けて、経営陣の皆さまのイニシアティブこそが、真に求められる時代に突入します。

末筆となりましたが、今後、Tanium のソリューションに関して、疑問や課題がございましたら、タニウムに是非ご相談していただきたいと思います。また、サイバーセキュリティを俯瞰した全体的なアドバイスなどについては、筆者が経営する「IOE コンサルティング」にもご相談をお寄せいただければ幸いです。

著者プロフィール

楢原 盛史　（ならはら・もりふみ）

タニウム合同会社のチーフ・IT・アーキテクトである楢原盛史は、トレンドマイクロ社、シスコシステムズ社、ヴイエムウェア社のセキュリティ営業、コンサルタント、アーキテクトを歴任。特に経営層向けにセキュリティ対策のあり方から実装、運用までを包含した「現場」における鋭い視点は多くのファンを持つ。また IPA の十大脅威の選考メンバー、デジタル庁の次世代セキュリティ・アーキテクチャ検討会に委員として参画。

著者近影

タニウム合同会社

タニウムは、シングルエージェントで資産管理から脆弱性管理、EDR まで幅広い機能を実現するプラットフォームで世界をリードするソフトウェアベンダです。特許を取得した独自の技術で、ネットワークに負荷をかけることなく、環境内の情報をリアルタイムに入手して可視化し、コントロールすることが可能になります。

Fortune100 の企業や米軍をはじめ、規模を問わず多くの企業に採用されており、世界で約 3200 万台の端末が Tanium で管理されています。

URL https://www.tanium.jp/

●本書は情報提供のみを目的としています。掲載されている情報の正確性、完全性、信頼性については、細心の注意を払っていますが、掲載された情報に基づいて行動する場合、必要に応じて専門家のサポートを受けるようお願いします。

●落丁・乱丁本はお手数ですが、インプレスカスタマーセンターまでお送りください。送料弊社負担にてお取り替えさせていただきます。但し、古書店で購入されたものについてはお取り替えできません。

■読者の窓口
インプレスカスタマーセンター
〒 101-0051
東京都千代田区神田神保町一丁目 105番地
info@impress.co.jp

●本書の内容についてのお問い合わせ先
インプレス NextPublishing　メール窓口
np-info@impress.co.jp
お問い合わせの際は、書名、ISBN、お名前、お電話番号、メールアドレス に加えて、「該当するページ」と「具体的なご質問内容」「お使いの動作環境」を必ずご明記ください。なお、本書の範囲を超えるご質問にはお答えできないのでご了承ください。電話やFAXでのご質問には対応しておりません。また、封書でのお問い合わせは回答までに日数をいただく場合があります。あらかじめご了承ください。

経営者のためのサイバーセキュリティ講義
サステナブル サイバーセキュリティ

2024年10月31日　初版発行

監　修　タニウム合同会社
著　者　楢原 盛史
発行人　髙橋 隆志
発　行　インプレス NextPublishing
　　　　〒101-0051
　　　　東京都千代田区神田神保町一丁目105番地
　　　　https://nextpublishing.jp/
発　売　株式会社インプレス
　　　　〒101-0051　東京都千代田区神田神保町一丁目105番地

●本書は著作権法上の保護を受けています。本書の一部あるいは全部について株式会社インプレスから文書による許諾を得ずに、いかなる方法においても無断で複写、複製することは禁じられています。

©2024 Tanium. All rights reserved.

印刷・製本　京葉流通倉庫株式会社
Printed in Japan

ISBN978-4-295-60354-2

 NextPublishing®

●本書はNextPublishingメソッドによって発行されています。
NextPublishingメソッドは株式会社インプレスR&Dが開発した、電子書籍と印刷書籍を同時発行できるデジタルファースト型の新出版方式です。https://nextpublishing.jp/